U0879713

高等学校精品课教材

基础化学实验

（第 2 版）

主　编　陈忠平　李子荣　黎少君

副主编　张雪梅　程年寿　姚　悦

参　编（排名不分先后）

陈俊明　朱金坤　张　婷　周永生

王桂玲　刘　川　丁　冉　黄秋香

吴际伟　宋忠明　徐　慰　汤　凯

柯　香　张二辉　史英迪　赵　浩

徐冬青

合肥工业大学出版社

图书在版编目(CIP)数据

基础化学实验/陈忠平,李子荣,黎少君主编．--2版．--合肥:合肥工业大学出版社,2025.1(2025.9重印)．--ISBN 978-7-5650-7107-2

Ⅰ.O6-3

中国国家版本馆CIP数据核字第2025RX0318号

基础化学实验

(第2版)

主编 陈忠平 李子荣 黎少君　　责任编辑 马成勋(咨询热线 15555129192)

出 版	合肥工业大学出版社	**版 次**	2017年8月第1版
地 址	合肥市屯溪路193号		2025年1月第2版
邮 编	230009	**印 次**	2025年9月第5次印刷
电 话	理工图书出版中心:15555129192	**开 本**	710毫米×1010毫米 1/16
	营销与储运管理中心:0551-62903198	**印 张**	12.5　**字 数** 224千字
网 址	press.hfut.edu.cn	**印 刷**	安徽联众印刷有限公司
E-mail	hfutpress@163.com	**发 行**	全国新华书店

ISBN 978-7-5650-7107-2　　**定价:**38.00元

如果有影响阅读的印装质量问题,请与出版社营销与储运管理中心联系调换。

第 2 版前言

基础化学实验是针对农学、生物、食品、医学、环境、材料等非化学本科专业大一学生独立开设的一门实践类必修课。在长期的教学过程中，上一版本在结构体系上没有充分体现实践课程特点的不足日益凸显，内容上也与新时期教育教学的新理念新思想新要求有一定差距，因此，编者团队在原教材基础上进行了以下修订。

1. 重建结构体系

原教材由普通（无机）化学实验、分析化学实验、有机化学实验三个篇章组成，每个篇章下面是与理论课程相对应的实验项目，没有体现出实验课作为一门单独开设的实践类课程的特点。修订后的教材体系系统介绍了基础化学实验的基础知识和基本操作，在实验项目的选择和安排上按照基本操作、验证性、综合性和设计性实验、拓展实验顺序进行编排，使整个体系具有由浅入深、循序渐进的内在逻辑。

2. 增加思想性和安全性内容

践行习近平总书记关于教育要“培养什么人，怎样培养人，为谁培养人”的指示和“绿水青山就是金山银山”的理念，结合近几年化学实验室和化工生产中安全事故频发、环境污染严重、空气质量不容乐观的现实，在修订的教材中将理想信念和安全、绿色、环保等教育理念融入具体的实验内容中，使学生在实验教学中得到人文情怀的熏陶和正确的思想引领。

3. 增加同类型实验项目和同一实验项目的不同方法

修订教材增加了同类型实验项目和同一实验项目的不同方法,如酯化反应,原教材中只有“乙酸乙酯的制备”一个实验,修订后的教材中提供乙酸乙酯和乙酸异戊酯两种酯的合成方法,通过制备和提纯过程的不同,不但使同学们掌握了具体物质的制备和提纯方法,更是对“酯化反应”这一理论知识有更深刻的理解和掌握。

再如茶叶中咖啡因的提取,原教材中只提供了简单的水煮法,修订后的教材中增加了索氏提取法,两种方法的比较使同学们在解决实际问题时有更多的绿色、环保理念。

4. 充分利用现代化辅助手段,给学生提供更多拓展资源

编者团队在修订教材的同时,也进行了网络教学平台建设,将部分实验操作制作成视频,学习者通过扫描二维码即可观看,有助于对实验过程有更好的理解和掌握。

教材修订得到了安徽省省级质量工程项目的大力支持(项目编号:2022jcjs030),在此表示衷心感谢!

鉴于编写组水平有限,难免出现一些错误和不足,敬请广大读者批评指正,并提出宝贵意见和建议。

编　者

前　言

化学是一门实践性很强的学科,实验占有极其重要的地位。通过实验可以验证、巩固和加深对所学基本理论和基础知识的理解,训练学生的实验动手能力,培养学生严谨的科学态度、独立分析问题和解决问题的能力。根据应用型和创新型人才培养的要求,作为安徽省首批创办应用型本科试点院校,安徽科技学院围绕此目标积极推行教学改革,特此组织化学系一批教学经验丰富的教师,结合多年的教学实践经验,编写了这本体现应用型、创新型人才培养目标和体现教学改革精神的基础化学实验教材。

本书最大的特色是根据新的教学内容和实验实践教学改革的发展态势,并结合相关专业特点,吸收国内外同类教材的优点,对基础化学教学内容进行系统的整合;减少验证性实验,增加综合性和设计性实验,使实验内容与专业和实际相结合;提高学生实验动手、分析和解决实际问题的能力;为后续专业课程的学习,以及为应用型本科人才和创新人才的培养打下扎实的化学实验基础。

本书共分三大部分,即普通(无机)化学实验、分析化学实验和有机化学实验,由安徽科技学院李子荣、陈君华、陈忠平担任主编,张雪梅、陈俊明、黎少君担任副主编。此外,参加编写人员还有:丁志杰、毛杰、汪徐春、曲波、过家好、朱金坤、李红艳、宋常春、张平、杨久峰、郑胜彪、唐婧、姚悦、郭雨、戚邦华、张婷、程年寿。

本书为高等院校非化学专业基础化学课程的配套教材，既可作为高等学校非化学专业本科生使用教材，也可作为从事分析化学的技术人员及相关专业人员的参考资料。

本书在编写过程中得到安徽科技学院各级领导的关心和帮助，尤其是得到了安徽科技学院教务处的大力支持，在此表示衷心的感谢。

本书虽经多次审校和修改，但限于编者的水平，加之时间仓促，书中难免还有疏漏和不妥之处，敬请广大读者批评指正。

编　者

目　　录

第一篇　绪　论

第二篇　基础化学实验的基本知识和基本操作

第三篇 实验项目

第一篇 绪论

第一章　基础化学实验课程的性质、目的及学习方法

第一节　基础化学实验课程的性质和目的

基础化学实验是一门实践性基础课程，它不仅为化学学科提供基础实践支撑，也为动物科学、生物科学、资源与环境科学、食品科学、农业科学及材料科学等提供必要的实践技能训练和科学素质培养，通过本课程的学习和训练，学生应达到以下目标：

1. 熟练且规范使用常规化学实验仪器，掌握化学实验的基本操作方法，具备安装简单实验装置的能力；掌握一些典型物质的制备、纯化及分析的方法；理解和掌握实验中涉及的理论知识，具有理论和实践相结合的能力。

2. 具有细致观察进而分析判断实验现象的能力，能正确诚实记录实验现象与结果；处理实验结果时具有逻辑推理、做出结论的能力；在分析实验结果的基础上，能正确地运用化学语言进行科学表达，独立撰写实验报告；具有解决实际化学问题的实验思维能力和动手能力。

3. 根据实验需要，通过查阅手册、工具书、互联网以及其他信息源获取必要信息，能独立、正确地设计实验（包括选择实验方法、实验条件、仪器和试剂、产品质量鉴定等），独立撰写设计方案，具有一定的创新意识与创新能力。

4. 通过研究性实验与设计性实验，具有自我获取知识、提出问题、分析问题和解决问题的独立工作能力，同时具有实事求是的科学态度、勤俭节约认真细致的工作作风、相互协作的团队精神，为学习后续课程、参加实际工作和开展科学研究打下良好的基础。

第二节 基础化学实验课程的学习方法

基础化学实验是由教师引导下学生独立完成的,因此实验效果与学习方法和实验态度密切相关,基础化学实验学习应抓住以下几点。

1. 课前认真预习

实验前的预习是基础化学实验必需的准备工作,是实验成功的前提。学生课前必须认真预习,了解实验目的、原理和内容,特别是实验原理,是整个实验的理论依据,学生一定要查阅相关理论内容和试剂的相关数据,如试剂的密度、分子量、熔点或沸点等。为确保预习质量,学生需书写预习报告,没有预习报告,指导教师有权拒绝学生参加本次实验。

2. 实验规范操作

实验过程是培养学生的基本操作、基本技能、独立工作和科学素养的重要环节,在预习的基础上,学生需严格按照实验步骤认真独立完成,操作规范、细致观察、如实记录实验数据和实验现象、遵守实验室安全和规章制度,在顺利进行实验操作的同时也要确保实验室整洁卫生。

3. 实验记录

实验中会出现各种现象和测得各种数据,应仔细观察并及时地记录在记录本上。记录应做到简明扼要、字迹整洁、实事求是,记录还须注意实验日期和时间。实验结束后,立即送老师审阅,如果实验结果达不到要求,应认真分析,找出原因,必要时需重做实验。

4. 撰写实验报告

实验报告是对实验的概括和总结,必须严肃认真书写。一份合格的实验报告应该包括以下几个部分:实验目的、实验原理、仪器及试剂、实验步骤(或实验内容)、实验结果(现象与解释)、问题与讨论等。

不同类型的实验报告格式不完全相同,现将几种类型的实验报告模板列出以供参考。

(1)性质实验报告

实验名称______________

(一)实验目的

(二)实验原理

(三)仪器及试剂

(四)实验步骤、现象及解释

实验内容	试样	试剂	主要现象	反应方程式	结论解释

(五)问题与讨论

(2)合成实验报告

实验名称______________

(一)实验目的

(二)实验原理(主反应和主要副反应)

(三)仪器及试剂

(四)操作步骤

(五)主要装置图

(六)产率计算

计算公式:

$$产率=\frac{实际产量}{理论产量}\times 100\%$$

由于反应不完全,或有副产物产生以及操作中的损失,有机产物的实际产量往往比理论产量低。理论产量也称计算量,是假定参与反应的物料定量进行反应所得到产物的质量;实际产量是指在实验中实际分离获得纯产物的质量。百分产率就是实际产量与理论产量的比值,即

$$百分产率=\frac{实际产量}{理论产量}\times 100\%$$

例:取23g乙醇在浓硫酸催化下加热时,可得到15g乙醚,试计算其百分产率。

$$2CH_2CH_2OH \xrightarrow[140℃]{浓H_2SO_4} CH_2CH_2OCH_2CH_3+H_2O$$

从反应式可以看出,2mol乙醇能生成1mol乙醚。23g乙醇即0.5mol(23/46,46为乙醇的分子量)乙醇,可生成0.25mol乙醚。故理论产量为18.5g(0.25×74,74为乙醚的分子量),而实际产量为15g,其百分产率为:

$$\frac{15}{18.5}\times 100\%=81.08\%$$

在有机化学实验中,为了提高产率,往往增加某一种反应物的量。但究竟应过

量使用哪一种反应物,则要根据有机反应的实际情况,反应的特点,各试剂的相对价格,在反应后是否易被除去或回收,以及对减少副反应是否有利等因素来决定的。在这种情况下,应以用量少的试剂为基准来计算百分产率。

(七)结果与讨论

(3)基本操作实验报告示例

基本操作实验报告与合成实验报告的格式相似,将"产率计算"改为"数据处理"即可。

(4)定量分析实验报告示例

实验名称____________

(一)实验目的

(二)实验原理

(三)仪器及试剂

(四)实验操作步骤

(五)实验数据及结果处理

(六)问题讨论(分析误差产生的原因,实验中应注意的问题及某些改进措施)

5. 分析结果的表达

在常规分析中,通常是一个试样平行测定3次,在不超过允许的相对误差范围内,取3次结果的平均值即可。

在非常规分析和科学研究中,分析结果应按统计学的观点,反映数据的集中趋势和分散程度以及在一定置信度下真实值的置信区间,通常用 n 表示测量次数,用平均值 x 来衡量准确度,用标准偏差 S 来衡量各数据的精密度。

例如,分析某试样中铁的质量分数,五次测定结果是0.3910、0.3912、0.3919、0.3917、0.3922,其分析结果如下:

测量次数　$n=5$

平均值　$x=0.3916$

标准偏差　$S=0.0005$

在置信度 $P=95\%$ 时,其置信区间为

$$\mu=x\pm\frac{St}{\sqrt{n}}=0.3916\pm\frac{0.0005\times2.78}{\sqrt{5}}=0.3916\pm0.0006$$

有时也可仅用置信区间,或仅用前三项表达分析结果。

第二章 化学实验室安全知识、规则及“三废”的环保处理

第一节 实验室安全知识

1. 安全规则

(1)实验前检查仪器是否完整无损,装置是否正确;了解实验室安全用具放置的位置,熟悉各种安全用具(如灭火器、沙桶、急救箱等)的使用方法。

(2)实验过程中不得擅离岗位。水、电、煤气、酒精灯等一经使用完毕,应立即关闭。

(3)绝不允许任意混合各种化学药品,以免发生意外。

(4)防止浓酸、强碱等强烈腐蚀性的药品溅在皮肤或衣服上,尤其不能溅入眼睛中。

(5)极易挥发和易燃的有机溶剂(如乙醚、乙醛、丙酮、苯等),在使用时必须远离明火,用后立即塞紧瓶塞,放在阴凉处。

(6)加热时,要严格遵守操作规程。制备或使用有毒、刺激性、恶臭的气体时,必须在通风橱内进行。

(7)实验室中的任何药品不得进入口或伤口中,更应注意有毒药品。

(8)注意用电安全,不得用湿手接触电源插座。

(9)不能在实验室内进食、吸烟、打闹,实验结束时必须洗净双手方可离开实验室。

2. 意外事故的一般处理方法

(1)割伤 先取出伤口内的异物,然后在伤口处抹上紫汞或撒上消炎粉后用纱布包扎。

(2)烫伤 可先用稀 $KMnO_4$ 或苦味酸溶液冲洗灼伤处,再在伤口处抹上黄色

的苦味酸溶液、烫伤膏或万花油,切勿用水冲洗。

(3)酸灼伤　先用大量水冲洗,然后用饱和 $NaHCO_3$ 溶液或稀 $NH_3 \cdot H_2O$ 洗,最后再用水洗。

(4)碱灼伤　先用大量水冲洗,再用 $0.3mol \cdot L^{-1}$ HAc 溶液冲洗,最后用水洗。如果碱溅入眼中,先用硼酸溶液洗,再用水洗。

(5)吸入刺激性或有毒气体　若吸入 Cl_2、HCl,可吸入少量酒精乙醚的混合蒸气解毒;若吸入 H_2S 气体而感到不适时,应立即到户外呼吸新鲜空气。

(6)毒物进入口中　若毒物尚未咽下,应立即吐出来,并用清水冲洗口腔;如已咽下,应立即催吐,并根据毒物的性质服用解毒药。

(7)起火　若因酒精、苯、乙醚等起火,应立即用湿抹布、石棉布或沙子覆盖燃烧物,火势大时可用泡沫灭火器。若遇电器起火,应立即切断电源,使用 CO_2 灭火器或 CCl_4 灭火器,不可使用泡沫灭火器,以免触电。

(8)触电　应首先切断电源,必要时进行人工呼吸。

若人员伤势较重,则应立即送往医院。当火势较大时,应立即报警。

第二节　化学实验室规则

1. 进入实验室前应认真预习,明确实验目的,了解实验的基本原理、方法、步骤以及有关的基本操作规则和注意事项。

2. 遵守纪律,不迟到,不早退,不在实验室内大声喧哗,保持室内安静。

3. 实验前,先清点所用仪器,如发现破损,立即向指导教师声明补领。如在实验过程中损坏仪器,应立即报告,并填写仪器破损报告单,经指导教师签字后交实验室工作人员处理。

4. 实验时听从教师的指导,严格遵守操作规程,正确操作,仔细观察,认真思考,并即时将实验现象和数据如实记录在报告本上。

5. 使用精密仪器时,必须严格按照操作规程进行操作,避免损坏仪器,如发现仪器有故障,应报告指导教师,及时排除故障。

6. 公用仪器和试剂瓶等用毕立即放回原处,不得乱拿乱放。试剂瓶中试剂不足时,应报告指导教师及时补充。

7. 实验时要保持桌面和实验室清洁。废液、火柴梗、用后的试纸、滤纸等废物应一起倒入废液缸,严禁倒入水槽中,以免腐蚀和堵塞水槽及下水道。

8. 实验中严格遵守水、电、易爆物、易燃物以及有毒药品等的安全使用规则。注意节约水、电和试剂。

9. 实验完毕后将桌面、仪器和药品架整理干净。值日生负责实验室的清洁工作，并关好水电开关以及门窗等。一切实验物品不得带出实验室。

10. 实验后，根据原始记录，联系理论知识，认真做好数据分析，按要求格式写实验报告，及时交给指导教师批阅。

第三节 化学实验室“三废”的环保处理

化学实验室的“三废”指的是在实验过程中产生的废气、废液、废渣。根据绿色化学的基本原则，化学实验室尽可能选择对环境无毒无害的实验项目，对确实无法避免的废气、废液、废渣不能直接排放，否则不仅会造成环境公害，还会造成部分可回收的资源浪费。因此要求在实验过程中根据废弃物的特性采用不同的方法进行分类处理，满足国家的排放要求后才能排放。

1. 废气

实验过程中凡产生有毒有害气体的实验均要求在通风橱中进行，部分毒性较大的气体在排放前需要在有净化装置的通风橱，或者采用吸收、氧化、分解等方法进行预处理。

2. 废液

实验过程中产生的废液不能直接倒入下水道，需要分类倒入不同废液缸。对普通的酸性或碱性废液需要调节其 pH 值，对含毒性物质需要采用沉淀、氧化还原等方法进行分类处理。

3. 废渣

实验过程中产生的废渣虽然不多，但不能与生活垃圾混倒，一般交给相关的环保机构经过回收有用物质后进行深埋。

第二篇

基础化学实验的基本知识和基本操作

第一章 基础化学实验的基本知识

第一节 化学试剂

化学试剂的种类很多，世界各国对化学试剂的分类和分级的标准不尽相同，各国都有自己的国家标准及其他标准（行业标准、学会标准）。我国化学试剂产品有国家标准（GB）、化工部标准（HG）及企业标准（QB）三级。

1. 化学试剂的分类

化学试剂通常可分为标准试剂、一般试剂、高级试剂、专用试剂四类。这里着重介绍实验室常用的一般试剂，它是实验室最普遍使用的试剂，一般可分为四个等级和生化试剂等。一般试剂的分类、标志、适用范围及标签颜色见表 2-1-1。

表 2-1-1 一般试剂的分类

级别	中文名称	英文符号	适用范围	标签颜色
一级	优级纯（保证试剂）	GR	精密分析实验	绿色
二级	分析纯（分析试剂）	AR	一般分析实验	红色
三级	化学纯	CP	一般化学实验	蓝色
四级	实验试剂	LR	一般化学实验辅助试剂	棕色或其他颜色
生化试剂	生化试剂 生物染色剂	BR	生物化学及医用 化学实验	咖啡色染色剂 （玫瑰色）

2. 化学试剂的选用

要根据所做实验的具体情况，合理选用相应级别的试剂。由于高级试剂和基准试剂的价格要比一般试剂的价格高得多，因此，在满足实验要求的前提下，选择试剂的级别时，遵循“就低不就高”的原则，注意节约。试剂的选用主要考虑以下几点：

(1)滴定实验中常用标准溶液，应选用由分析纯试剂配制、工作基准试剂标定。某些要求不高的分析实验也可用优级纯或分析纯试剂来标定。滴定分析中所用的其他试剂一般为分析纯试剂。

(2)如所做实验对杂质含量要求低，应选用优级纯试剂，若只对主体含量要求高，则应选用分析纯试剂。

(3)仪器分析实验中一般选用优级纯剂或专用试剂，测定微量成分时应选用高纯试剂。

第二节　常用仪器

1. 无机分析实验常用玻璃仪器介绍(见表 2-1-2)

表 2-1-2　化学实验常用仪器

仪　　器	规　格	主要用途	注意事项
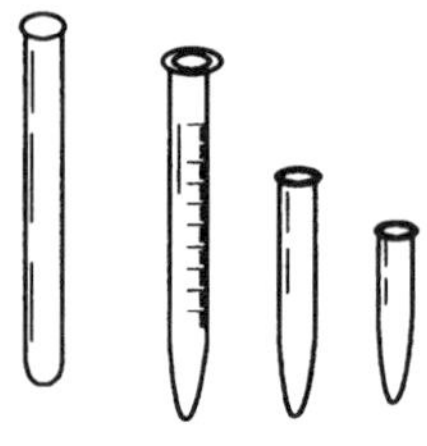 试管　离心试管	分硬质试管、软质试管、普通试管和离心试管； 普通试管以试管口外径(mm)×长度(mm)表示，离心试管以其容积(mL)表示	普通试管用作少量试剂的反应器便于操作和观察； 离心试管可用于定性实验的沉淀分离	可以加热至高温(硬质试管)，但不能骤冷，加热时管口不能对人，且要不断移动试管，使其受热均匀，所盛反应液体不能超过其容量的 1/2
 烧　杯	玻璃和塑料烧杯以容积(mL)表示，如 1000mL、400mL、250mL、100mL、50mL 等	常温或加热条件下用作反应物量大时的反应容器，反应物易混合均匀，也可用来配制溶液	加热时将壁擦干并放置在石棉网上，使其受热均匀，可以加热至高温
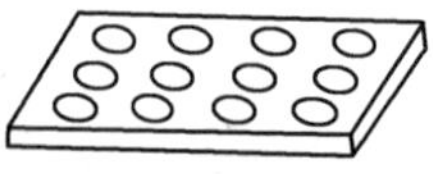 点滴板	瓷质，分白色、黑色，十二凹穴、九凹穴、六凹穴等	用于点滴反应，尤其是显色反应	白色沉淀用黑色板，有色沉淀或溶液用白色板

（续表）

仪　器	规　格	主要用途	注意事项
 试剂瓶	有无色、棕色之分，以容积（mL）表示，如 60mL、30mL 等	用于盛少量液体试剂或溶液	见光易分解的或不太稳定的试剂用棕色试剂瓶盛装，碱性试剂要用带橡皮塞的滴瓶，但不能长期盛放浓碱液
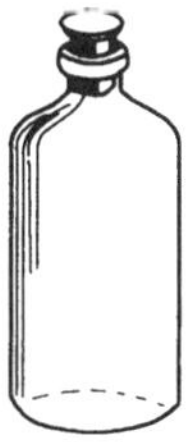 细口瓶  广口瓶	有玻璃和塑料的、无色和棕色的、磨口和不磨口之分。以容积（mL）表示，如 1000mL、500mL、250mL、125mL 等	细口瓶盛装液体试剂，广口瓶盛装固体试剂	不能加热，取用试剂时，瓶盖倒放在桌上，不能弄脏、弄乱。碱性物质要用橡皮塞，稳定性差的物质用棕色瓶
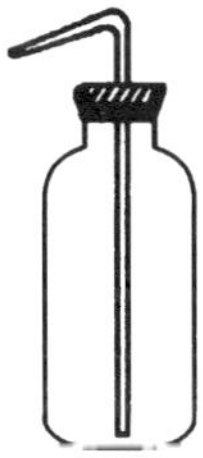 洗瓶	分塑料和玻璃的，以容积（mL）表示	用蒸馏水洗涤沉淀和容器时使用塑料洗瓶方便、卫生，故使用广泛	不能加热
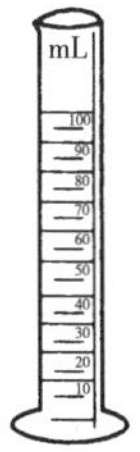 量筒	以最大容积（mL）表示，量筒如 100mL、10mL、5mL 等，量杯如 20mL、10mL 等	用于量取一定体积的液体	不能直接加热
 称量瓶	分扁形和高形，以外径（mm）×高（mm）表示，如高形有 25mm×40mm，扁形有 50mm×30mm	扁形用作测定水分或干燥基准物质；高形用于称量基准物质或样品	不可盖紧磨口塞烘烤，磨口塞要原配套，不得互换

(续表)

仪　　器	规　格	主要用途	注意事项
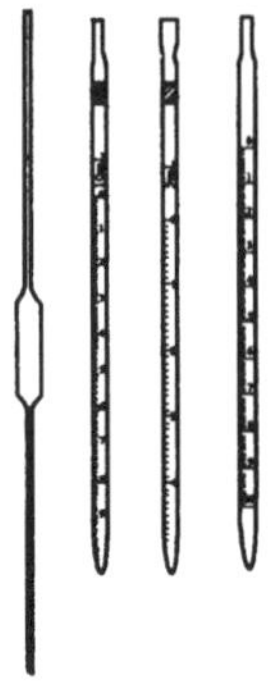 移液管　吸量管	用最大容积(mL)表示,吸量管如10mL、5mL、2mL、1mL等;移液管如50mL、25mL、20mL、10mL等	准确量取一定体积的液体时使用	移液管与容量瓶配合使用,因此,使用前常对两者的相对体积进行校正。为了减少测量误差,每次都应从最上面刻度起往下放出所需体积
 容量瓶	以刻度以下的容积(mL)表,如1000mL、500mL、250mL、100mL、50mL、25mL等	用来配制准确浓度的溶液	不能受热,不得贮存溶液,不能在其中溶解固体,瓶塞与瓶配套,不能互换
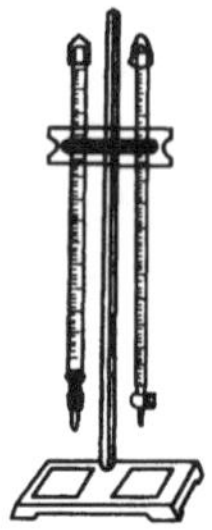 酸式和碱式滴定管	滴定管分碱式和酸式、无色和棕色。以容积(mL)表示,如50mL、25mL等	滴定或量取准确体积的溶液时使用。滴定管架用于夹持滴定管	碱式滴定管盛碱性溶液或还原性溶液,酸式滴定管盛酸性溶液或氧化性溶液。碱式滴定管不能盛放氧化剂。见光易分解的滴定液宜用棕色滴定管
 锥形瓶	以容积(mL)表示,如500mL、250mL、150mL等	反应容器,振荡方便,适用于滴定操作或作为接收器	液体不能盛太多,加热时应放置在石棉网上
 研钵	以铁、瓷、玻璃、玛瑙制作,以口径大小表示	用于研磨固体物质。大块物质不能敲,只能压碎	不能用于加热,按固体的性质和硬度选用不同的研钵。放入量不宜超过容积的1/3

（续表）

仪　器	规　格	主要用途	注意事项
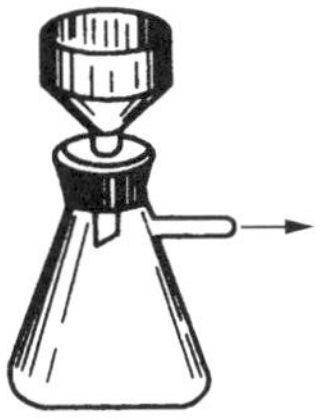 吸滤瓶和布氏漏斗	布氏漏斗瓷质，以直径（cm）表示，如8cm、6cm等。吸滤瓶为玻璃制品，以容积（mL）表示，如500mL、250mL等。两者配套使用	用于减压过滤	不能直接加热，滤纸要略小于漏斗的内径。使用时先开抽气泵，后过滤；过滤完毕，先拔掉抽滤瓶接管，后关抽气泵
 表面皿	以口径（mm）大小表示，如90mm、75mm、65mm、45mm等	盖在烧杯上防止液体迸溅或作其他用途	不能用火直接加热，直径要略大于所盖容器
 干燥器	以外径（mm）表示大小。分普通干燥器和真空干燥器，内放干燥剂	保持物品干燥	防止盖子滑动打碎，热的物品待稍冷后才能放入。盖的磨口处涂适量的凡士林，干燥剂要及时更换
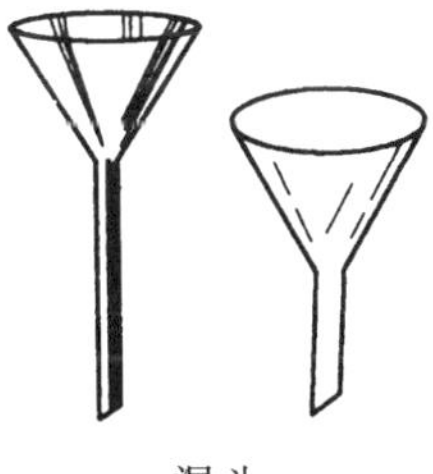 漏斗	以口径（mm）大小表示，分60mm、40mm、30mm等	用于过滤操作	不能用火加热
 漏斗架	木制，有螺丝可固定于支架上。可移动位置，调节高度	过滤时承放漏斗用	固定漏斗板时，不要把它倒放

(续表)

仪　　器	规　格	主要用途	注意事项
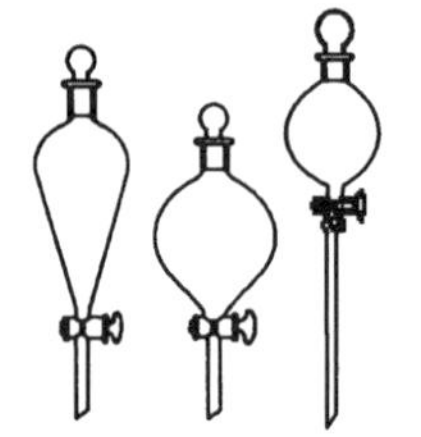 锥形分液漏斗 圆形分液漏斗 滴液漏斗	以容积(mL)和形状(球形、梨形)表示	用于分离互不相溶的液体，或用作发生气体装置中的加液漏斗	不得加热，漏斗塞子、活塞不得互换
 热水漏斗	由普通玻璃漏斗和金属外套组成，以口径(mm)大小表示，分60mm、40mm、30mm等。	用于热过滤操作	加水量不超过其容积的2/3
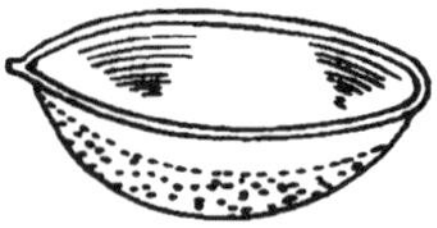 蒸发皿	有瓷、铂、石英等制品，分有柄和无柄，以容积(mL)表示，如125mL、100mL、35mL等	蒸发液体时用，还可以作为反应器用。	可耐高温，可直接加热，但高温时不能骤冷。根据液体性质不同可选用不同质地的蒸发皿
 水浴锅	由铜或铝制成	用于间接加热，也可以用于粗略控制温度实验	所选择的圈环正好使加热器皿浸入锅中2/3。不要让锅里的水烧干，用完后应将锅擦干保存
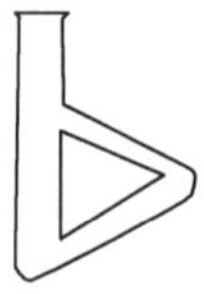 熔点测定管(b形管)	以口径(mm)大小表示	用于测定固体化合物的熔点	所装溶液的液面应高于上支管处
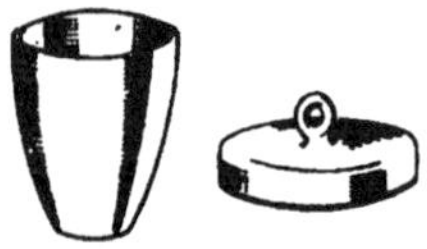 坩埚	材质有瓷、石英、铁、镍、铂等 以容积(mL)表示	用于灼烧试剂	一般忌骤冷、骤热，依试剂性质选用不同材质的坩埚

（续表）

仪　器	规　格	主要用途	注意事项
 泥三角	有大小之分	支承灼烧坩埚	
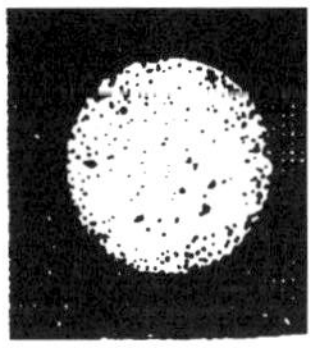 石棉网	有大小之分	支承受热器皿	不能与水接触
 铁架台		用于固定或放置容器	

2. 有机化学实验常用的玻璃仪器

(1)烧瓶(如图 2-1-1 所示)。

(2)冷凝管(如图 2-1-2 所示)。

(3)漏斗(如图 2-1-3 所示)。

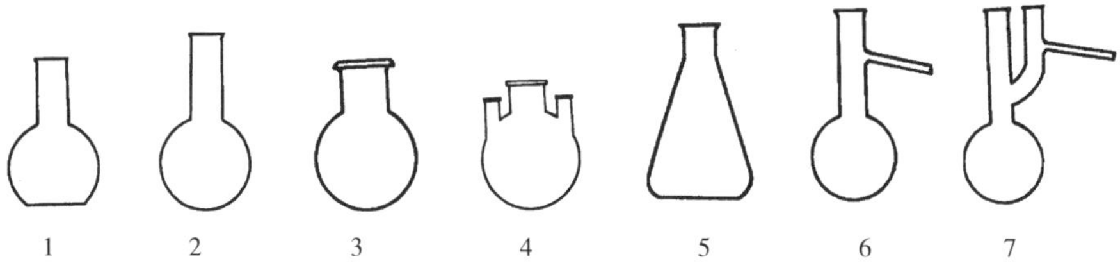

图 2-1-1　烧瓶

1—平底烧瓶；2—长颈圆底烧瓶；3—短颈圆底烧瓶；4—三颈烧瓶；

5—锥形烧瓶；6—蒸馏烧瓶；7—克氏蒸馏烧瓶

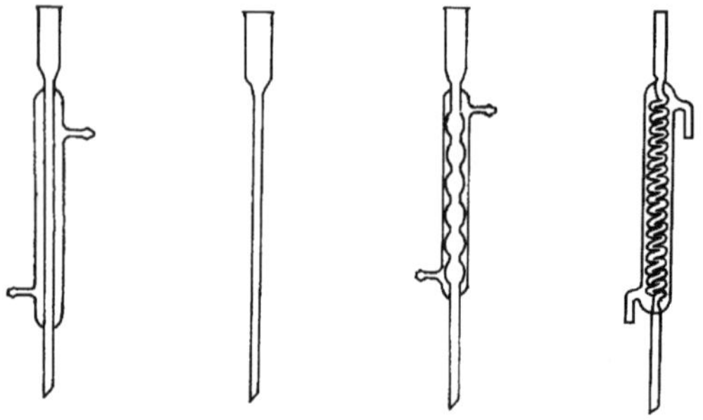

图 2-1-2 冷凝管

1—直形冷凝管;2—空气冷凝管;3—球形冷凝管;4—蛇形冷凝管

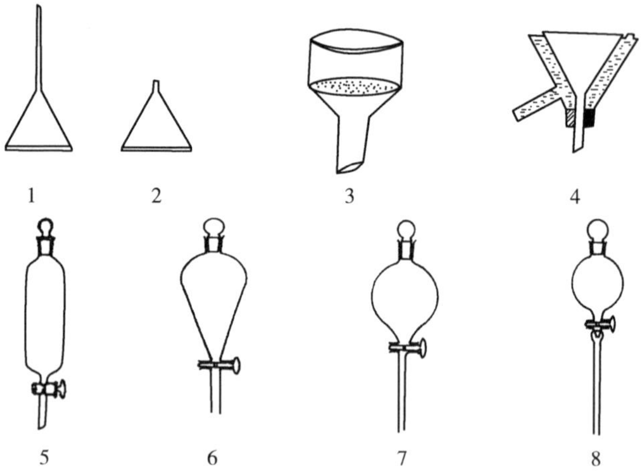

图 2-1-3 漏斗

1—长颈漏斗;2—短颈漏斗;3—布氏漏斗;4—热水漏斗;5—筒形漏斗;
6—锥形分液漏斗;7—梨形分液漏斗;8—滴液漏斗

(4)其他仪器(如图 2-1-4 所示)。

(5)标准磨口仪器 在许多有机化学实验室(尤其是科研单位)中,还经常使用带有标准磨口的玻璃仪器,统称标准磨口仪器。常用的标准磨口仪器如图 2-1-5 所示。

标准磨口仪器品种及规格很多,编号有 10,14,19,24,29,34 等多种,这里的数字是指磨口的最大径的毫米数。具有相同编号的标准磨口仪器可以相互连接,由于标准磨口仪器口塞的标准化、通用化,因此在实验中,可以按实验内容所需而选配和组装各种类型的装置。

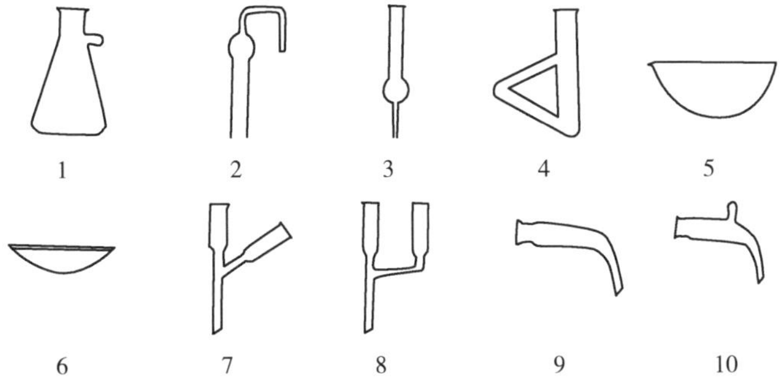

图 2-1-4　常用的配件

1—抽滤瓶；2，3—干燥管；4—溶点测定管；5，6　蒸发皿；7　Y形管；

8—二通连接管；9—接液管；10—带支管接液管

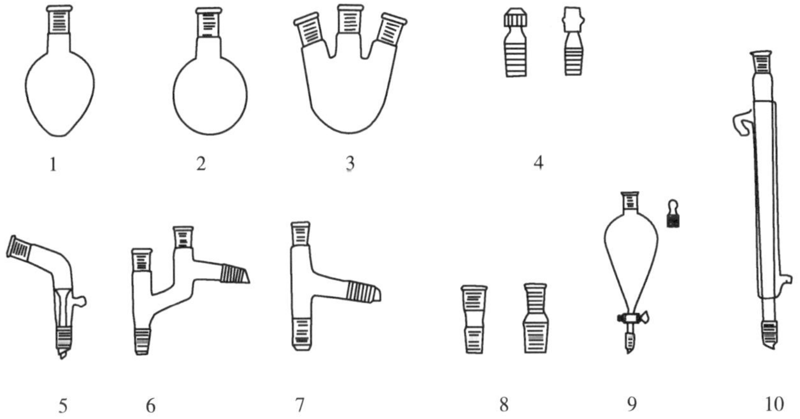

图 2-1-5　常用的标准磨口仪器

1—梨形烧瓶；2—圆底烧瓶；3—斜三颈瓶；4—温度计套管；5—真空接收器；

6—克氏蒸馏头；7—蒸馏头；8—大小接头；9—分液漏斗；10—直形冷凝管

使用标准磨口仪器既可省去配塞及钻孔等手续，又能避免反应物或产物被橡皮塞（或软木塞）所沾污。但使用标准磨口仪器应注意以下几点：

① 用后马上拆卸洗净，否则，磨口处会粘连而难以拆开。

② 磨口处必须洁净，若粘有固状杂质，会使磨口对接不密，导致漏气，若杂质很硬则会损坏磨口。

③ 一般使用时，磨口处不需涂润滑剂，以免沾污反应物或产物。若反应中使用强碱，则应涂润滑剂，以免磨口连接处因碱腐蚀粘牢而无法拆开。

④ 安装标准磨口仪器时应注意整齐、正确，使磨口对接处不受歪斜的应力，否则易使仪器折断。

第二章 基础化学实验的基本操作

第一节 玻璃仪器的洗涤和干燥

1. 玻璃仪器的洗涤

化学实验中经常使用各种玻璃仪器。如果使用的仪器不洁净,会由于污物和杂质的存在而得不到正确的结果。因此,玻璃仪器的洗涤是化学实验中一项重要的内容。

玻璃仪器的洗涤方法很多,应根据实验要求、污物的性质和沾污的程度来选择合适的洗涤方法。

对于水溶性的污物,一般可以直接用水冲洗,冲洗不掉的物质,可以选用合适的毛刷刷洗。如果毛刷刷不到,可用碎纸捣成糊浆,放进容器,剧烈摇动,使污物脱落下来,再用水冲洗干净。

对于有油污的仪器,可先用水冲洗掉可溶性污物,再用毛刷蘸取肥皂液或用合成洗涤剂刷洗。用肥皂液或合成洗涤剂仍刷洗不掉的污物,或因口小、管细不便用毛刷刷洗的仪器,可用洗液或少量浓 HNO_3 或浓 H_2SO_4 浸洗。氧化性污物可选用还原性洗液洗涤;还原性污物,则选用氧化性洗液洗涤。

最常用的洗液是 $KMnO_4$ 洗液与 $K_2Cr_2O_7$ 洗液。若污物是有机物一般选用 $KMnO_4$ 洗液;若污物为无机物则多选用 $K_2Cr_2O_7$ 洗液。洗涤仪器前,应尽可能倒尽仪器内残留的水分,然后向仪器内注入约1/5体积的洗液,使仪器倾斜并慢慢转动,让内壁全部被洗液湿润,如果能浸泡一段时间或用热的洗液洗涤,则效果会更好。

使用具有强腐蚀性的洗液时,千万不能用毛刷蘸取洗液刷洗仪器,如果不慎将洗液洒在衣物、皮肤或桌面时,应立即用清水冲洗。废的洗液或首次冲洗液应倒在废液缸里,不能倒入水槽,以免腐蚀下水道。

使用后的洗液应倒回原瓶，可反复多次使用。多次使用后，$K_2Cr_2O_7$ 洗液会变成绿色（Cr^{3+} 的颜色）；$KMnO_4$ 洗液会变成浅红或无色，底部有时出现 MnO_2 沉淀，这时洗液已不具有强氧化性，不能再继续使用。

仪器经洗液洗涤后污物一般会去除得比较彻底，若有机物用洗液洗不干净，也可选用合适的有机溶剂浸洗。

用上述方法洗去污物后的仪器，还必须用自来水和蒸馏水冲洗数次，方能洗净。

已洗净的玻璃仪器应该是清洁透明的，其内壁被水均匀地湿润，且不挂水珠。凡已洗净的仪器，内壁不能用布或纸擦拭，否则布或纸上的纤维及污物会沾污仪器。

2. 玻璃仪器的干燥

有些实验要求仪器必须是干燥的，根据不同的情况，可采用下列方法将仪器干燥。

(1)晾干　对于不急用的仪器，可将其插在格栅板上或实验室的干燥架上晾干。

(2)吹干　将仪器倒置去水分，并擦干外壁，用电吹风的热风将仪器内残留水分吹干。

(3)烘干　将洗净的仪器控去残留水，放在电烘箱的隔板上，将温度控制在105℃左右烘干。

(4)用有机溶剂干燥　在洗净的仪器内加入少量有机溶剂（如 C_2H_5OH，CH_3COCH_3 等），转动仪器，使仪器内的水分与有机溶剂混合，倒出混合液（回收），仪器即迅速干燥。

化学实验中，在许多情况下并不需要将仪器干燥。如量器、容器等，使用前先用少量溶液涮洗 2～3 次，洗去残留水滴即可。带有刻度的计量容器不能用加热法干燥，否则会影响仪器的精度，可采用晾干或冷风吹干的方法进行干燥。

第二节　化学试剂的取用

1. 固体试剂的取用

(1)用试剂匙

固体试剂通常用干净的试剂匙取用，而且最好每种试剂专用一个试剂匙，否则用过的试剂匙须洗净擦干后才能再用,以免污染试剂。

常用试剂匙有塑料匙和牛角匙,其两端分别为大小两个匙。取大量试剂时用大匙,取小量试剂时用小匙,不要多取。试剂一旦取出,就不能再放回原瓶,可将多余的试剂放入指定的容器中。试剂取出后,一定要把瓶塞盖严(注意:不要盖错盖子),并将试剂瓶放回原处。

试剂从试剂匙中倒入容器时,如果是大块试剂,应把容器倾斜,让块体沿器壁滑下,以免击碎容器;如果是粉状试剂,可用试剂匙直接将粉状剂送入容器底部,勿让粉末沾在容器壁上。若为管状容器,可借助一张对折的硬纸条,将粉末送进管底。

(2)用电子天平称取

要求取用一定质量的固体时,可把固体试剂放在纸上或其他称量器皿中用称称取。传统的指针式台秤和电光分析天平已很少使用,现在常用的是数字显示型电子天平。

电子天平是用电磁力平衡被称物体重力的天平,其特点是称量准确可靠、显示快速清晰并且具有自动检测系统、简便的自动校准装置以及超载保护等装置。图 2-2-1 是化学实验室常用的精度不同的两种电子天平。

a)精度0.01g的电子天平

b)精度0.1mg的电子分析天平

图 2-2-1 电子天平

下面是精度为 0.1mg 的电子分析天平构造,如图 2-2-2 所示,以它为例介绍电子天平的操作程序、使用事项、维护保养及称量方法。

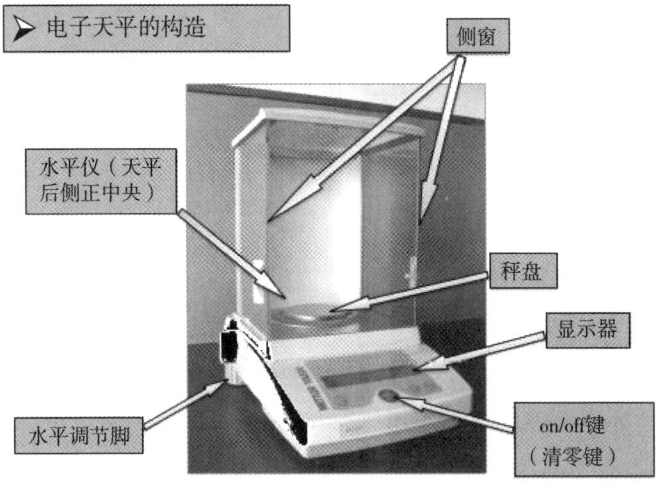

图 2-2-2　天平的构造

① 操作程序

a. 安装：将秤盘放在四个弹性盘托脚上，并使盘托脚全部隐于秤盘内。

b. 水平调整：先将天平两只后调整脚逆时针抬高使之脱离台面，然后通过天平的两只前调整脚，将水平泡调至水平指示器中央，再将两只后调整脚顺时针轻轻旋转至刚好接触台面即可。

c. 开机和预热：电源适配器的插头先插入天平后部电源插座，再连接外部电源，按一下开机/关机键，预热 30 分钟，待稳定后再进行下一步操作。

d. 校准：首次使用的天平或放置一段时间以及放置位置变更后，需要进行校准，利用内置或外置标准砝码和“CAL”键对天平进行校准。

e. 称量：天平在开机预热稳定和校准后，便可进行正常的称量，根据具体情况采用直接、增量或减量的方式进行称量。

f. 关机：称量结束后按一下开机/关机键关机，套好防尘罩。

② 使用注意事项

a. 天平属于精密仪器，应安放位置在水平，紧固，稳定，无震动的台面，不受太阳直射，无强气流干扰，无强电磁干扰和热源。环境温度在 10℃～30℃ 范围内，并且变化缓慢，湿度在 50%～85%RH 之间，放置后不可随意移动。

b. 使用前应按规定通电预热。

c. 容器和称物质量之和不得超过称量范围。

d. 实验器皿或样品应放在秤盘正中间，且与天平温度接近；称量样品时只需开关侧门，动作要轻，读数时要关闭侧门等待数据稳定后再读。

e. 若称量不准确,需用标准砝码对天平校准。

f. 称量应尽量快速,注意不要将称量物洒落在秤盘或底板上,尤其是具有腐蚀性的样品。如果不慎有固体样品洒落,用毛刷清扫干净,如是液体样品滴于秤盘上,立即用吸水纸轻轻吸干,不可用抹布等粗糙物擦拭。

g. 如需取下天平上的秤盘,请将秤盘按顺时针方向转动后再取下,切勿将秤盘往上硬拔,以免损坏传感器。

h. 严禁用溶剂清洁外壳,应用软布清洁。

③ 电子天平维护保养

a. 经常使用天平时,可使天平处于连续通电状态以减少预热时间,使天平处于相对稳定状态,如果天平长期不用应断开电源。

b. 在搬动天平,安装和拆卸外围设备前,一定要关掉天平显示器,即按一下开机/关机键,拔掉电源适配器或关掉总电源,以免损坏天平。

c. 天平应保持清洁和干燥,谨防灰尘等物钻入天平,经常检查天平的防潮硅胶,若变红则及时更换。同时应避开有腐蚀气体的环境。

d. 根据天平的使用程度,应做周期性的检查校准。

④ 称量方法

a. 直接称量法:将需要称量的样品直接放在已去皮的称量纸上或其他称量器皿中称量。

b. 固定质量称量法:先将洁净的称量纸或其他称量器皿放在秤盘上去皮,再往上面添加需要称量的样品,到达指定的读数即可。

c. 递减称量法:也称减量法或差减法。首先将装有样品的称量瓶放置在天平盘上,记录下此时的质量(m_1);然后将称量瓶从天平上取下,倒出部分样品至目标容器中后,再次称量装有剩余样品的称量瓶,记录此时的质量(m_2),用第一次的质量减去第二次的质量,($m_1 \sim m_2$)即为倒出的样品质量。

2. 液体试剂的取用

液体试剂一般用滴管吸取或用量筒、移液管(吸量管)量取。

(1)滴管

从滴瓶中取液体试剂时,要用滴瓶中的滴管。先用手指掐紧滴管上部的橡皮乳头,赶走其中的空气,然后将滴管插入试液中,放松手指即可吸入试液。取出后,不要使滴管与接受容器的器壁接触,更不应使滴管伸入其他液体中,以免沾污滴管(如图2-2-3所示)。与滴瓶配合使用的滴管的管口不能向上倾斜,以免液体回流到胶帽中,腐蚀胶帽,污染试剂。

(2)量筒

量筒用于量度一定体积的液体,可根据需要选用不同容量的量筒。取液时,如图 2-2-4 所示,先取下试剂瓶塞并把它倒置在桌上,一手拿量筒,一手拿试剂瓶(注意不要让瓶上的标签朝下,以免腐蚀性液体腐蚀标签),然后倒出所需量的试剂,最后将瓶口在量筒上靠一下,再使试剂瓶竖直,以免留在瓶口的液滴流到瓶的外壁(注意倒出的试液绝对不允许再倒回试剂瓶)。察看量筒内液体的容积的方法如图 2-2-5 所示,使视线与量筒内液体的弯月面的最低处保持水平,视线偏高或偏低都会读不准而造成较大的误差。

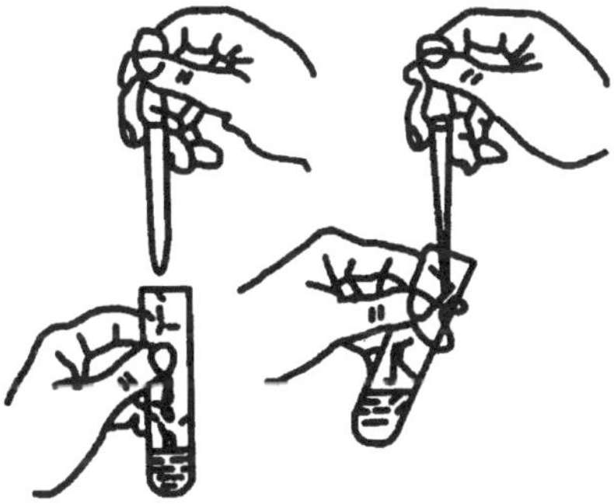

a) 正确　　b) 不正确

图 2-2-3　用滴管加液体

图 2-2-4　用量筒量取液体

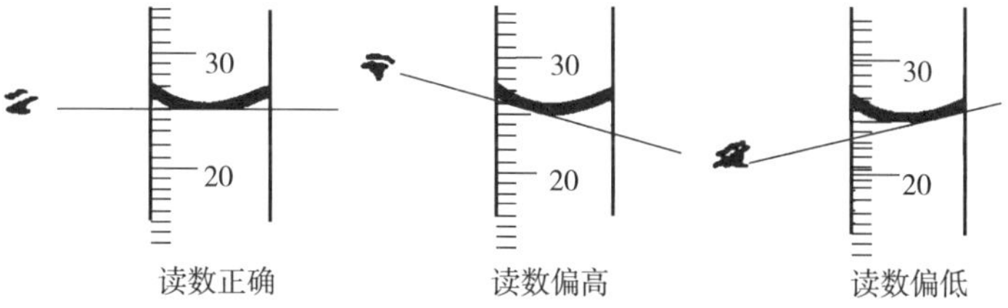

图 2-2-5　观看量筒内液体的容积

在某些实验中,无须准确量取试剂,所以不必每次都用量筒,只要学会估计从瓶内取用的液体的量即可。为此,必须知道,1mL 液体相当于多少滴,5mL 液体占一个试管(如 13mm×100mm)容量的几分之几等等。学生须反复练习估计液体的操作,直到熟练掌握为止。

(3)移液管和吸量管

要求准确地移取一定体积的液体时,可用各种不同容量的移液管或吸量管。

3. 特种试剂的取用

剧毒、强腐蚀性、易爆、易燃试剂的取用需要特别小心,必须采用其他适当的方法来处理,请参考有关书籍。

第三节　滴定分析常用仪器的使用

定量分析中常用到一些玻璃量器,如量筒、容量瓶、滴定管和移液管等。量筒或量杯只能用于量取对体积要求不很精确的液体,而容量瓶、滴定管、移液管则有较高的精密度,100mL以下的这些量器可精确到0.01mL。能否正确地使用容量瓶、滴定管、移液管等精密量器,直接影响到分析结果的准确度。因此,必须了解这些量器的特点,掌握正确的使用方法。

1. 容量瓶及其使用

容量瓶主要是用来精确配制一定体积和一定浓度的溶液的量器(如图2-2-6所示)。在容量瓶的颈部有一刻度线,在下部标有温度及相应温度时的容积。使用时先将容量瓶洗净,再将已称量好的固体放在烧杯内,加少量蒸馏水溶解。将溶液沿着玻璃棒慢慢倒入容量瓶中,再用少量蒸馏水洗涤烧杯和玻璃棒2～3次,每次的洗涤液须倒入容量瓶中,然后加蒸馏水至刻度处(如图2-2-7所示)。但应注意,当液面接近刻度线时,应改用滴管小心地逐滴将水加到标线处(视线、液面与刻度线均应在同一水平面上)。塞紧瓶塞,用左手食指按住瓶塞,右手托住瓶底(如图2-2-8所示),将容量瓶反复倒转数次,并在倒转时加以振荡、摇匀。由于瓶塞都是磨口配套的,所以,不可“张冠李戴”,一般可用橡皮筋将瓶塞系在瓶颈上。

图2-2-6　容量瓶

图2-2-7　转移溶液操作

图2-2-8　容量瓶混匀

2. 滴定管及其使用

(1)滴定管的类型

滴定管是滴定时用于精确测量液体体积的量器,有酸式滴定管和碱式滴定管两种(如图 2-2-9 所示)。

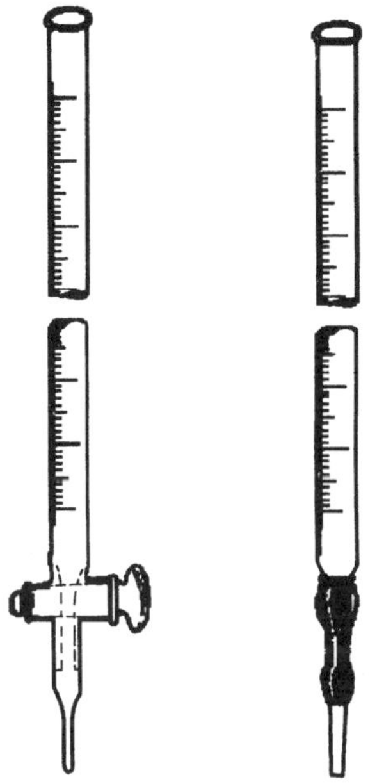

图 2-2-9

酸式滴定管下端具有玻璃旋塞,初安装时或漏液时安装,应先将旋塞取下,洗净,并用滤纸吸干。在活塞孔的两边涂上一薄层凡士林(如图 2-2-10所示),将活塞插入活塞孔,转动整个活塞,直到从外部观察时全部透明为止。开启旋塞,溶液即自管内流出,使用酸式滴定管时,左手手心对着旋塞尾部,大拇指、食指、中指控制旋塞,手指略向内扣(如图 2-2-11 所示)。

碱式滴定管下端用橡皮管连接一支玻璃管嘴,橡皮管内装有一个玻璃小球以代替旋塞。用大拇指和食指稍微捏挤玻璃小球右上侧的橡皮管,使之形成一狭缝,液体即可从狭缝中流出来(如图 2-2-12 所示)。

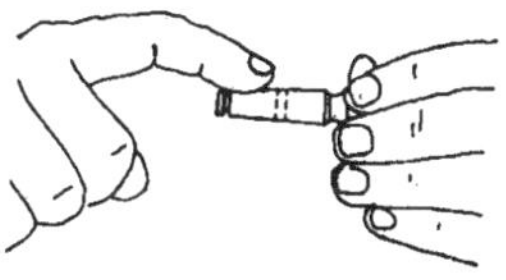

图 2-2-10　玻璃活塞涂油

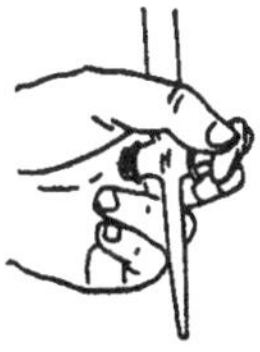

图 2-2-11　酸式滴定管操作

图 2-2-12　碱式滴定管操作

对玻璃有侵蚀作用的液体(如强碱液等)只能用碱式滴定管;对橡胶有侵蚀作用的液体[如盐酸(HCl)、硫酸(H_2SO_4)、碘水(I_2)、硝酸银($AgNO_3$)、高锰酸钾溶液($KMnO_4$)等]则必须使用酸式滴定管。

(2)滴定管的使用方法

① 洗涤

滴定管在装入滴定液前,除了需用洗涤液、水、蒸馏水依次洗涤干净外,还需用少量滴定液(每次约10mL)洗涤2～3次,以免滴定的浓度被管内残留水所稀释。洗涤滴定管时,应先将管平持(上端略向下倾斜)并不断转动,使洗涤的水或溶液与内壁的每个部分充分接触,然后右手将滴定管扶直,左手放开阀门,使洗涤的水或溶液通过阀门下面的一段玻璃管而流出(起到洗涤作用)。

② 排气泡

将标准溶液加入滴定管中时,必须注意,滴定管下端不应留有气泡,否则会造成读数误差。酸式滴定管一般可迅速打开旋塞,利用溶液的急流把气泡逐去。对于碱式滴定管,可把橡胶管弯曲向上(如图2-2-13所示),挤压玻璃珠,气泡即被溶液压出。

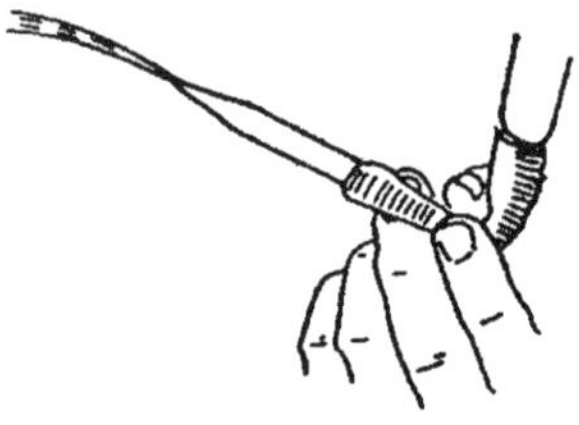

图2-2-13 碱性滴定管赶气泡操作

③ 调零

装液到刻度"0"以上,开启旋塞或挤压玻璃小球,把管内液面的位置调节到刻度"0"。

④ 读数

常用滴定管的容量为50mL,每一大格为1mL,每小格为0.1mL,两小格之间可进行估读,因此管中液面的位置可读至小数点后两位,如24.43mL。读数时,滴定管应保持垂直,视线与管内凹液面的最低处持平,偏高或偏低都会带来读数误差(如图2-2-14所示)。

⑤ 滴定

滴定开始前,先把悬挂在滴定管尖端的液滴除去。滴定时用左手控制阀门,右手持锥形瓶(瓶口应接近滴定管尖端,不要过高或过低),并不断摇荡底部,使其做圆周运动(如图2-2-15所示)。

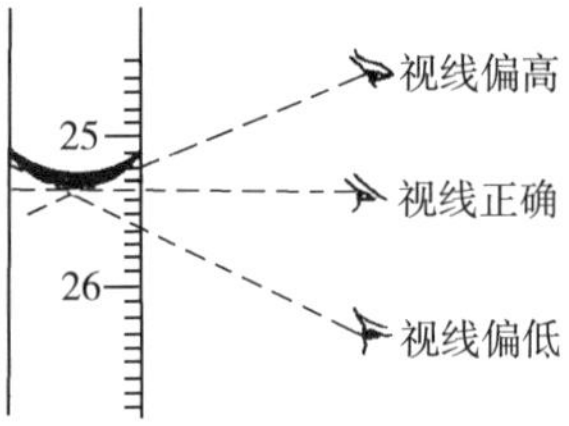

图2-2-14 滴定管读数

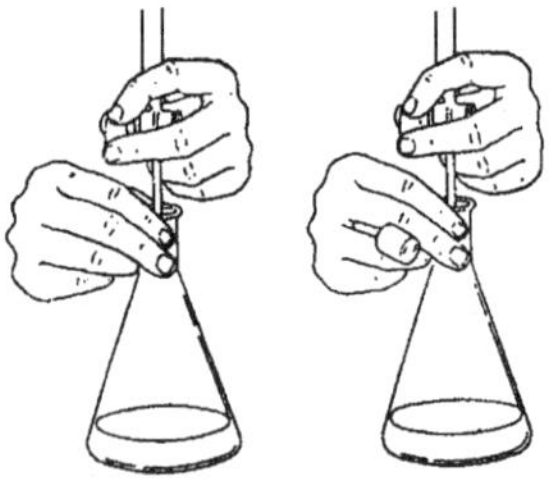

图2-2-15 滴定管两手操作示意

3. 移液管及其使用

移液管是用来准确量取一定体积的液体的量器,管上刻有温度及相应温度的体积。

吸量管是标有精细刻度的玻璃管，用以吸取不同体积的液体（如图 2-2-16 所示）。

用移液管或吸量管前，依次用自来水、蒸馏水洗涤（必要时先用铬酸洗液洗涤），最后用少量待移液洗涤 3 次。吸液时先将试液取高于所需刻度，以右手食指按住端口后，缓慢放至刻度线（此时液面的凹面最低处与移液管的刻度在同一水平线上），立即用食指把移液管按紧，将移液管的尖端靠在接受容器的壁上，放松食指，让液体自由流出（如图 2-2-17 所示）。液体流完后，稍等片刻再将移液管拿开，此时，遗留在管内的少量液体不能吹出，因为在校正移液管的体积刻度时，并未把这些液体计算在内。

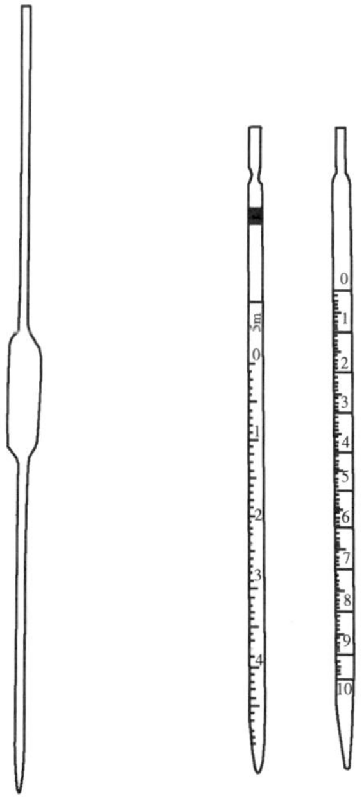

移液管　　吸量管

图 2-2-16　移液管和吸量管

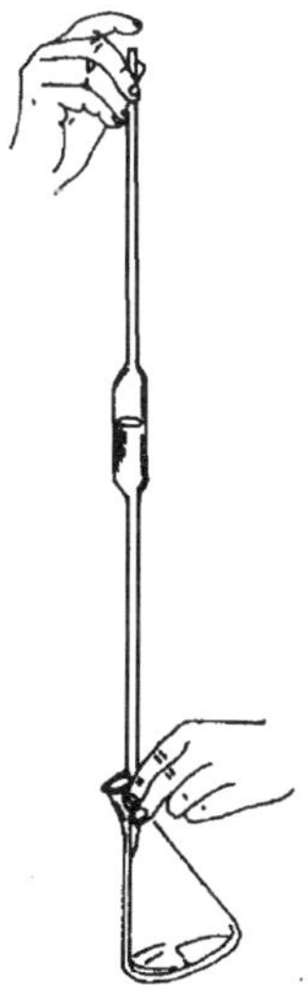

图 2-2-17　移液管移液操作示意图

第四节　加热方法

1. 液体的加热

采用什么方式加热液体，取决于液体的性质和盛放该液体的器皿，以及液体量的大小和所需达到的温度。一般在高温下不分解的液体可直接加热；受热易分解及需要比较严格控制加热温度的液体,只能在热浴上加热。

(1)直接加热

该方法适用于在较高温度下不分解的溶液或纯液体。一般把装有液体的器皿放在石棉网上,用酒精灯、煤气灯、电炉和电热套等直接加热(如图2-2-18所示)。

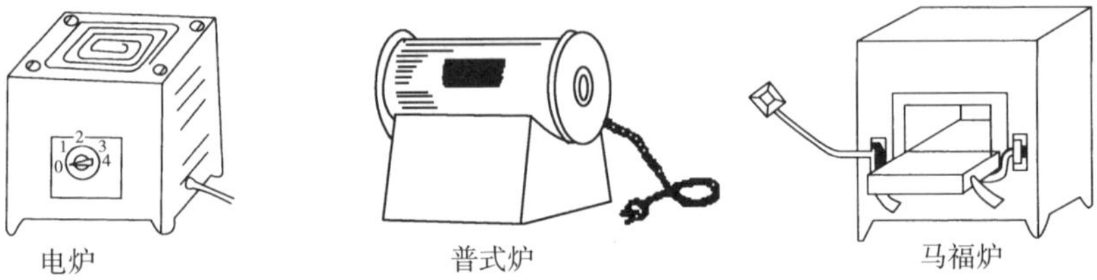

图2-2-18 常见的加热用具

试管中的液体一般可直接放在火焰上加热,如图2-2-19b所示,但是易分解的物质或沸点较低的液体仍应放在水浴中加热。在火焰上加热试管中的液体时,应注意以下几点:

① 用试管夹夹住试管的中上部,不能用手拿住试管加热。

② 试管应稍微倾斜,管口朝上。

③ 应使液体各部分受热均匀,先加热液体的中上部,再慢慢往下移动,然后不时地上下移动,不要集中加热某一部分,否则容易引起暴沸,使液体冲出管外。

④ 不要把试管口对着别人或自己的脸部,以免发生意外。

⑤ 试管中所盛液体不得超过试管高度的1/2。

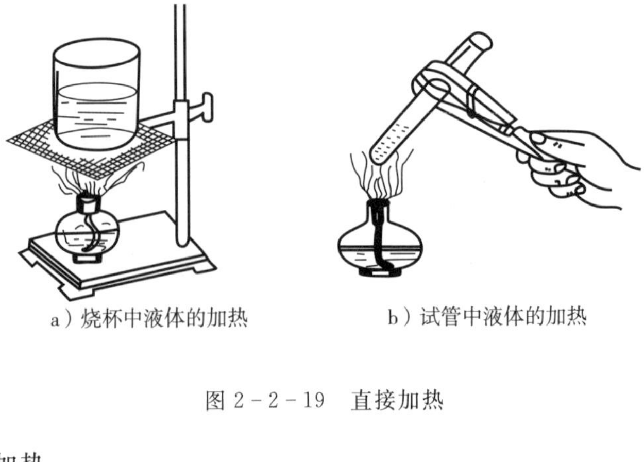

a)烧杯中液体的加热　　b)试管中液体的加热

图2-2-19 直接加热

(2)热浴加热

常用的热浴有水浴、油浴、沙浴、空气浴等。

① 水浴　水浴常在水浴锅中进行(如图 2-2-20a 所示),有时为了方便常用规格较大的烧杯等代替(如图 2-2-20b 所示)。水浴锅一般为铜制外壳,内壁涂锡。盖子由一套不同口径的铜圈组成,可以按加热器皿的外径任意选用。使用时,加热锅的底部,受热器皿悬置在水中,可保持液体约 95℃ 的恒温。使用水浴时应注意如下事项:

a. 水浴锅内存水量应保持在总体积的 2/3 左右。

b. 受热玻璃器皿不能触及锅壁或锅底。

c. 水浴锅不能作油浴或沙浴用。

② 油浴　油浴锅一般由生铁铸成,有时也可用大烧杯代替。油浴适用丁 100℃～250℃加热,反应物的温度一般低于油浴液 20℃左右,常用的油浴液有:

a. 甘油　可以加热到 140℃～150℃,温度过高则分解。

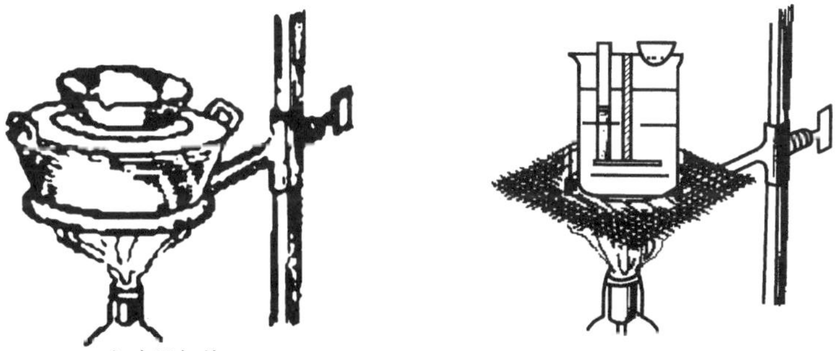

a）水浴加热　　b）烧杯代替水浴加热

图 2-2-20　水浴加热

b. 植物油　如菜籽油、蓖麻油和花生油,可以加热到 220℃。常加入 1%的对苯二酚等抗氧化剂,以便久用。温度过高时会分解,达到闪点可能燃烧,所以使用时要十分小心。

c. 石蜡　能加热到 200℃左右,冷却到室温则成为固体,保存方便。

d. 液体石蜡　可加热到 200℃左右,温度稍高并不分解,但较易燃烧。

e. 硅油　硅油在 250℃时仍较稳定,透明度好;缺点是价格昂贵。

油浴时应特别小心防止着火;当油受热冒烟时,应立即停止加热;油量应适量,不可过多,以免油受热膨胀而溢出;浴锅外不能沾油,如若外面有油,应立即擦去;如遇油浴着火,应立即拆除热源,并用石棉网等盖灭火焰,切勿用水浇。

③ 沙浴　沙浴通常采用生铁铸成的沙浴盘。盘中盛沙子,使用前先将沙子加热熔烧,以去掉有机物,加热温度在 80℃以上者可以使用,特别适用于加热温度在 220℃以上者,沙浴的缺点是传热慢,温度上升慢,且不易控制。因此,沙层要薄些。

应特别注意,受热器不能触及浴盘底部。

④ 空气浴　沸点在 80℃以上的液体原则上均可采用空气浴加热。最简单的空气浴可用如下方法制作:取空的铁罐(用过的罐头盒即可)一只,罐口边缘剪光后,在罐的底层打数行小孔,另将圆形石棉片(直径略小于罐的直径约 2～3mm)放入罐中,使其盖在小孔上,罐的四周用石棉布包裹。另取直径略大于罐口的石棉板(厚约 2～4mm)一块,在其中挖一个洞(洞的直径略大于被加热容器的颈部直径),然后对切为两部分,加热时用以盖住罐口。使用时将此装置放在铁三脚架或铁支台的铁环上,用灯焰加热即可。注意蒸馏瓶或其他受热器在罐中切勿触及罐底,其正确的位置如图 2-2-21 所示。

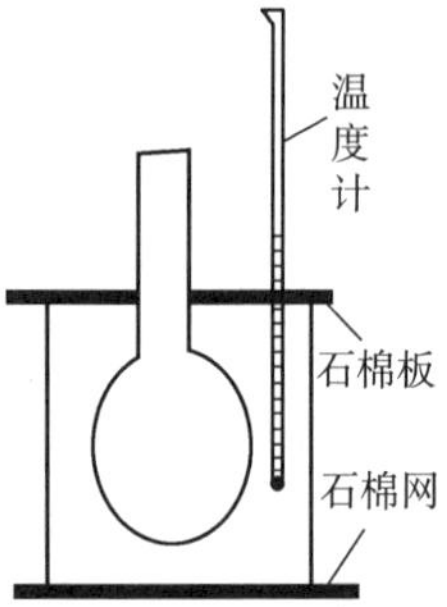

图 2-2-21　空气浴加热

⑤ 电热套加热　电热套是一种较好的热源,它是由玻璃纤维包裹着电热丝织成的碗状半圆形的加热器,有控温装置可调节温度。由于它不是明火加热,因此,可以加热沸点较高的化合物,加热温度范围较广。

2. 固体的加热

(1)在试管中加热

所盛固体药品不得超过试管容量的 1/3。对于块状或粒状固体,一般应先研细,并尽量将其在管内铺平。加热的方法与在试管中加热液体时相同,有时也可把盛固体的试管固定在铁架台上加热(如图 2-2-22 所示)。但是必须注意,应使试管口稍微往下倾斜,以免凝结在管口的水珠流至灼热的管底,使试管炸裂。加热时,先将试管整体预热,然后用氧化焰集中加热。一般随着反应进行,灯焰从试管内固体试剂的前部慢慢往后部移动。

(2)在蒸发皿中加热

当加热较多的物体时,可把固体放在蒸发皿中进行。但应注意充分搅拌,使固体受热均匀。

(3)在坩埚中灼烧

当需要高温加热固体时,可以把固体放在坩埚中灼烧(如图 2-2-23 所示)。应该用煤气灯的氧化焰加热坩埚,而不要让还原焰接触坩埚底部(还原焰温度不高)。开始时,火不要太大,使坩埚均匀地受热,然后加大火焰,将坩埚烧至红热。灼烧一定时间后,停止加热,在泥三角上稍冷后,用坩埚夹持放在干燥器内。

要夹持处在高温下的坩埚，必须先把坩埚钳放在火焰上预热一下。坩埚钳用后应将其尖端向上平放在石棉网上。

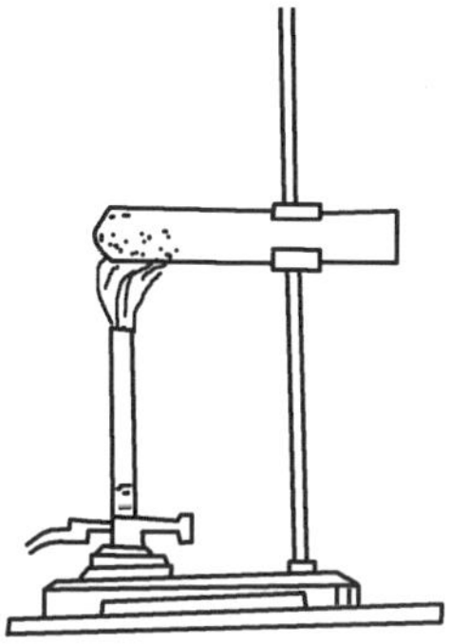

图 2-2-22　加热试管内固体

图 2-2-23　灼烧坩埚

第五节　常见制冷技术

某些有机反应是放热反应，结果使反应物温度升高而使反应难以控制；有些放热反应使反应物与产物温度急剧升高而分解。为了控制反应必须控制温度，即对某些放热反应需要适当的冷却。在实验中可根据不同的要求来选用不同的冷却剂来冷却。

1．水浴冷却

对于一些冷至室温的反应，可以将反应器直接置于冷水浴中。必要时可不断更换水浴中的水以提高冷却效果，而对于一些与水无关的反应可以直接向容器内投入少量碎冰来冷却。如需冷却到 0℃，可以用水与碎冰的混合物来做冷却剂，它的冷却效果比只用冰块好，因它能与容器很好地接触。

2．冰-食盐冷却

若需要把反应物的温度控制在 0℃以下，则常用碎冰与无机盐（实验室中常用食盐）的混合物作为冷却剂。用盐做冷却剂时，应先将盐研细，然后与碎冰按比例混合均匀。通常所用的食盐与碎冰的混合物（33∶100），其最低温度可降到−21.3℃。但在实际操作中温度一般在−5℃～18℃。表 2-2-1 列出了实验室中常用的无机盐与碎冰形成的冰浴所能达到的最低温度及碎冰与无机盐相对用量。

表 2-2-1 冰与无机盐组成的冷却剂

盐 类	100 份碎冰中加入盐的重要份数	混合物所能达到最低温度(℃)
NH_4Cl	25	−15
$NaNO_2$	50	−18
NaCl	33	−21
$CaCl_2 \cdot 6H_2O$	100	−29
$CaCl_2 \cdot 6H_2O$	143	−55

若实验室无冰时,则可用某些盐类溶于水吸热作为冷却剂使用(表 2-2-2)。

表 2-2-2 某些盐与水组成的冷却剂

盐 类	100g 水中加入盐的量(g)	水溶液所能达到的最低温度(℃)
KCl	30	+0.6
$CH_3COONa \cdot 3H_2O$	95	−4.7
NH_4Cl	30	−5.1
$NaNO_3$	75	−5.3
$CaCl_2 \cdot 6H_2O$	167	−15.0

3. 干冰冷却

若在实验室中需达到更低的温度,可以用固体二氧化碳(干冰)与乙醚、乙醇等的混合物来冷却,其最低温度可达−50℃~−78℃。

第六节 搅拌与振荡

固体与液体或不相溶的两种液体之间反应时,为了使反应物能充分接触,就需要强有力的搅拌或振荡。另外,向某一反应器中加入某一试剂时,为避免局部浓度过大,也需要快速搅拌。实验室中常用的搅拌方法有人工搅拌与机械搅拌两种。

1. 人工搅拌与振荡

当反应物量少,而且不需加热或需加热但温度不太高的操作中,可以用手来摇动反应器即可达到物料充分接触的目的。对于敞口(口径较大)的反应器,可以用玻璃棒沿着容器壁均匀地搅动,但应尽量避免搅棒与容器壁碰撞。对于一些回流操作需搅拌振荡时,可以将铁架台提起(但装置各部分必须用铁夹夹紧固定在铁架台上)做圆周运动,也可以将烧瓶取下,振荡后重新装上继续回流。

2. 机械搅拌

在一些需要较长时间搅拌或加热温度较高、反应物量较多且装置较复杂的实验中，可以采用机械搅拌器。机械搅拌器分三部分：电动机、搅拌棒和封闭器。电动机是动力部分，固定在支架上，搅拌棒与电动机通过一短橡皮管相连，封闭器是为了防止反应器中蒸气外逸而设的搅拌棒与容器的连接装置。实验室中常见的机械搅拌装置如图 2-2-24 所示。

图 2-2-24a 中，搅拌装置用一段厚壁软橡皮管封口，橡皮管下端套在比搅拌棒略粗的玻璃管上面，搅拌棒与橡皮管之间用少量甘油或凡士林润滑。图 2-2-24b 中，搅拌装置用封闭管封口，封闭管内装液体石蜡或甘油，由于水银有毒，因此一般不用水银来封闭。

实验室中所用搅拌棒一般都是由玻璃棒制成的，根据反应器大小、形状及口径的不同，搅拌有不同的样式(图 2-2-25)，前两种易制作，后两种制作较为困难，但后两种搅拌效果好。

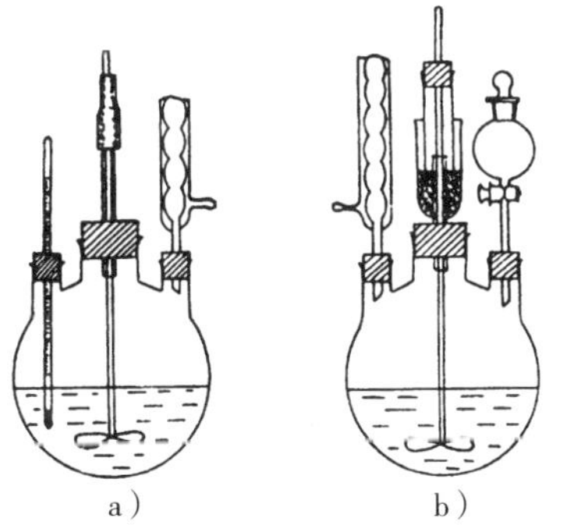

图 2-2-24　机械搅拌装置

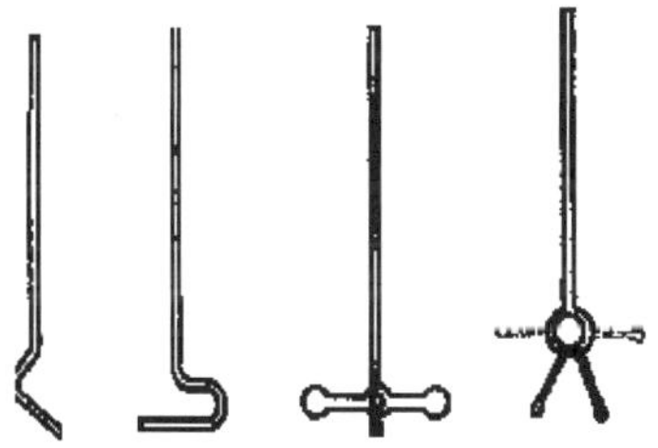

图 2-2-25　各式搅拌棒

第七节　蒸　馏

蒸馏是提纯液体及低熔点固体有机化合物的重要方法之一。应用这一方法不仅可以分离挥发性与不挥发性物质，而且也可以用来分离沸点不同的有关物质及有色杂质，它对于鉴定液体的纯度也有一定的意义。蒸馏操作按操作时条件的不同可分为常压蒸馏、减压蒸馏及水蒸气蒸馏三种。

1. 常压蒸馏

(1)普通蒸馏

液体混合物中各组分的沸点相差较大时，可以用普通蒸馏方法来分离，具体内容见实验“常压蒸馏及沸点的测定”。

(2)分馏

液体混合物中各组分的沸点相差较小，用普通蒸馏的方法难以分离时，就要采用分馏的方法来分离。现代最精密的分馏设备可以分离沸点相差1℃～2℃的有机混合物，利用蒸馏与分馏来分离混合物的原理是一样的，实际上分馏就是多次的蒸馏。

进行分馏操作需要用分馏柱，它的作用是增加气液两相的接触面积。沸腾的混合物蒸气沿分馏柱上升，由于柱外空气的冷却作用，蒸气中高沸点组分被冷却为液体，向下流入蒸馏烧瓶中。因此，上升的蒸气中含挥发性成分(低沸点成分)较多，而下流液体中不易挥发成分(即高沸点成分)较多。冷凝的液体在回流途中遇到上升的蒸气时，二者再进行热交换，上升蒸气中高沸点成分又被冷凝，而下流液体中的低沸点成分又被蒸发。这样，在分馏柱内反复进行着汽化、冷凝、回流等程序，结果沸点低的组分不断沿分馏柱上升，被蒸馏出来；而沸点高的组分则留在蒸馏烧瓶内。因此，当分馏柱效率高且操作正确时，在分馏柱上部可得到纯度较高的易挥发组分。

为了提高分馏效率，常在分馏柱中装入具有较大表面积的填充物，填充物之间应保留一定空隙，以增加回流液体与上升蒸气的接触面，在分馏柱底部放一些玻璃丝以防止填充物下降到烧瓶中。分馏柱的分馏效率与柱中填充物及柱高等有关。一般来讲，填充物要填得均匀紧密以加大气液两相接触面积，增加分馏效果。分馏柱越高，在其中蒸气与冷凝液体接触机会越多，则分馏效率越高。实验室中常用的分馏柱如图2-2-26所示。

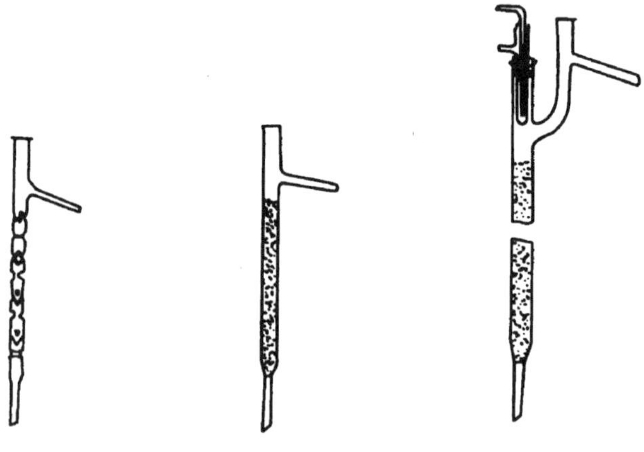

图2-2-26 常用的几种分馏柱

分馏装置的装配原则与蒸馏装置相同，不过在操作中应注意防止分馏柱支管折断。实验室中常用的分馏装置如图 2-2-27 所示。

分馏操作与蒸馏操作基本相同。将待分馏的液体混合物放入圆底烧瓶中(其量不应超过烧瓶容量 1/2)，放入几粒止暴剂，装上分馏柱、温度计，分馏柱支管通过塞子与冷凝管相连，蒸馏液收集于三角烧瓶中，开始时应小心加热，使温度慢慢地均匀上升，待液体开始沸腾时，调节加热速度，使蒸气慢慢升入分馏柱(用手摸，如烫手则表示蒸气已到该处)。在有馏出液后，调节温度使蒸出液体速度控制在 2～3 秒 1 滴，若蒸馏速度太快，则产品纯度下降。如被分馏物沸点高，分馏柱与外界空气热交换太快，影响蒸馏速度，可用石棉布将分馏柱包起来，以减少热交换。做完实验后，按与蒸馏装置同样的拆除方法将分馏装置拆除，洗净，备下次实验用。

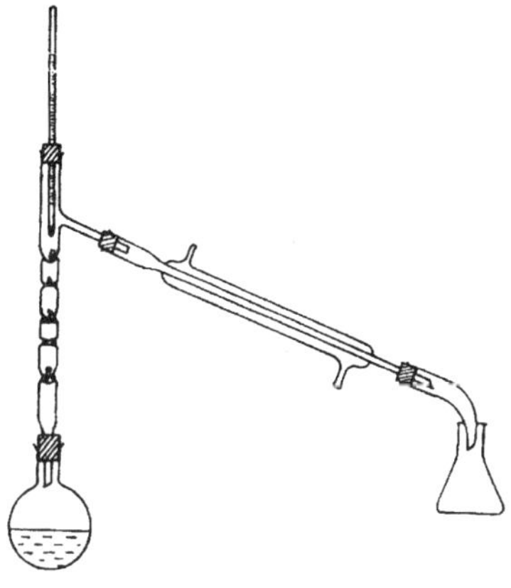

图 2-2-27 分馏装置

2. 减压蒸馏

许多有机化合物，尤其是高沸点的有机化合物，在常压下蒸馏时往往发生分解，在这种情况下，采用减压蒸馏最有效。当蒸馏系统内的压力降低后，其沸点也随之降低，当压力降到 500Pa 以下时，许多有机化合物的沸点可以比常压下的沸点降低 100℃左右。因此，减压蒸馏对于分离、提纯沸点高或在较高温度下性质不稳定的液态有机物具有特别重要的意义。

(1)减压蒸馏的装置

如图 2-2-28 所示是实验室中常用的减压蒸馏装置，其主要仪器设备有克氏蒸馏烧瓶、冷凝管、接收器、压力计、安全瓶和减压泵。

克氏蒸馏烧瓶有两个颈，其目的是防止蒸馏时瓶内液体剧烈沸腾而冲入冷凝管中。烧瓶的一个颈中插入温度计，另一个颈插入一端拉成毛细管的玻璃管，毛细管距瓶底 1～2mm，玻璃管上面有一带螺旋夹的橡皮管，橡皮管中插入几根细铜丝，调节螺旋夹可控制进入烧瓶中的空气量，这样有少量气体经毛细管进入烧瓶，成为沸腾时液体的汽化中心，既起搅拌作用，又可代替沸石，使液体平稳沸腾。使用的毛细管口应较细，检查管口的方法是：将毛细管插入盛有少量丙酮或乙醚的试管中，用嘴在玻璃管口轻轻吹气，若毛细管能冒出一连串细小的气泡，仿如一条细线，即为合用，否则应更换。

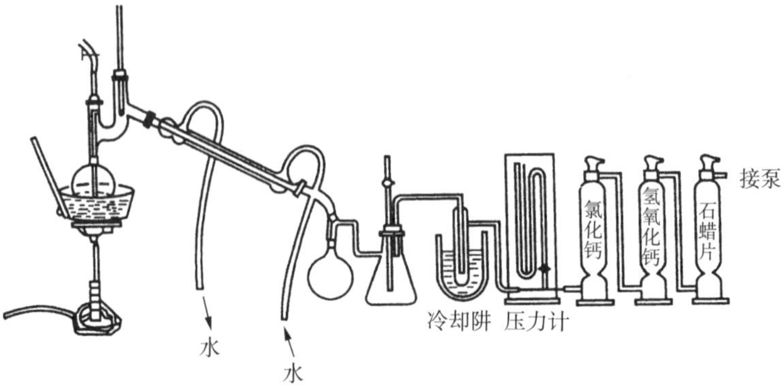

图 2-2-28 减压蒸馏装置

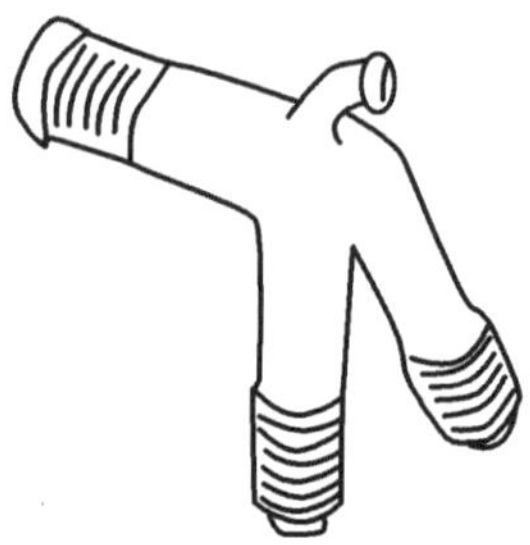

图 2-2-29 多尾接液管

减压蒸馏装置中的接收器可以用烧瓶、吸滤瓶或厚壁试管,因它们均可抵抗外界压力。如需蒸馏多种馏分而不中断蒸馏时,可用多尾接液管(如图 2-2-29 所示),多尾接液管分别用橡皮塞与接收器相连。

在减压蒸馏实验中,根据被蒸馏物沸点的不同,应选用不同的热浴与冷凝管。被蒸馏物的量不多且沸点较高时,可以不用冷凝管而直接将克氏蒸馏烧瓶支管插入接收器中(如图 2-2-30 所示)。蒸馏高沸点物质时,最好能用石棉布(绳)将克氏蒸馏烧瓶两颈包住,以减少散热。

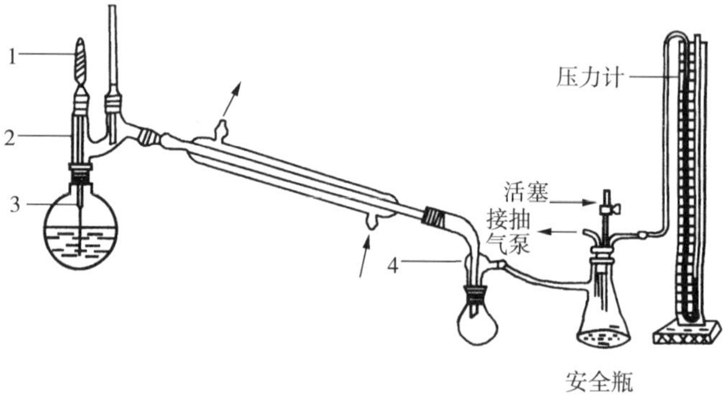

图 2-2-30 少量高沸点液体的减压蒸馏装置

1—螺旋夹;2—克氏蒸馏头;3—毛细管;4—真空接收管

减压泵可用水泵或油泵。在水压力很强时,水泵可以把压力减到 1330～4000Pa,可适用于一般减压蒸馏;而油泵可很容易地把压力降低到 270～430Pa。

使用油泵时应注意保养，切不可让水、有机物、酸蒸气等侵入泵体，因挥发性有机物被泵油吸收后会增加油的蒸气压而影响其真空效能；而酸蒸气会腐蚀泵体；水蒸气凝结后与油形成浓稠乳浊液也能降低油泵的效能。为保护油泵，常在油泵前面装上干燥塔（吸收塔），如图2－2－31所示。吸收塔通常设两个，前一个装无水氯化钙（或硅胶），后一个装粒状氢氧化钠。另外还在油泵与减压蒸馏装置之间装上水银压力计和缓冲用的吸滤瓶。吸滤瓶的作用是防止装置内压力突然发生变化而使泵油倒吸。

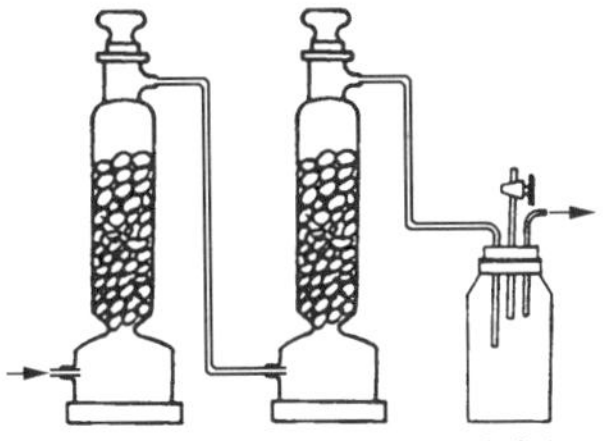

图2－2－31　干燥塔与缓冲瓶

1—干燥塔；2—缓冲瓶

实验室通常采用水银压力计来测量减压系统的压力。如图2－2－32a所示为开口式水银压力计，两臂汞柱高度之差即为大气压力与系统中压力之差，因此减压装置内的实际压力是大气压力减去汞柱差。如图2－2－32b所示是封闭式水银压力计，两臂液面高度之差即为蒸馏系统中的实际压力（真空度）。测定压力时可将管后木座上的滑动标尺的零点调整到右臂的汞柱顶端线上，这时左臂的汞柱顶端所指示的刻度即为蒸馏装置中的真空度。

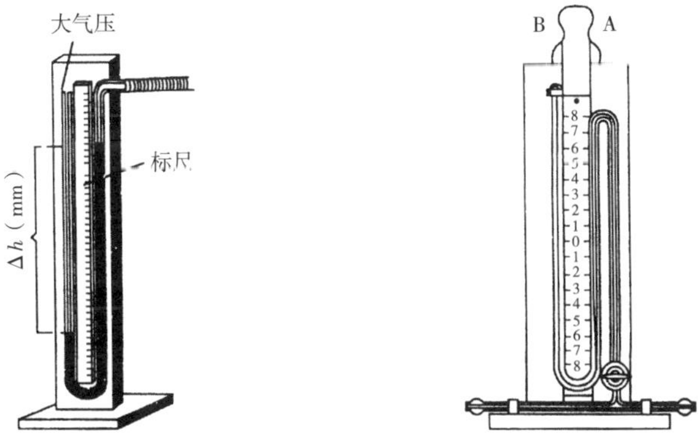

a）开口式　　b）封闭式

图2－2－32　水银压力计

开口式压力计较笨重，读数方式也较麻烦，但结果正确；封闭式压力计比较轻巧，读数方便，但不大正确，常用开口式来校正。使用压力计时应避免水及污物进入压力计内，否则将影响其准确度。

（2）减压蒸馏操作

当被蒸馏物中含有低沸点组分时，应用普通蒸馏法将之除去，再进行减压蒸馏。减压蒸馏前应检查装置的真空度能否达到要求。检查完毕,将装置恢复常压。将被蒸馏物放入克氏蒸馏烧瓶中,装好仪器(如图2-2-28所示),旋紧螺旋夹5,打开安全瓶的二通活塞。然后接通电源,开泵抽气,逐渐关闭二通活塞。从压力计上观察真空度,如装置达不到实验所需真空度,可用熔融的固体石蜡密封各接口处(这一操作应在解除真空后进行);如超过所需真空度,可调节螺旋夹放入空气至所需真空度。然后开冷凝水,选用合适的浴液加热。加热时烧瓶球形部分应有2/3浸入浴液中,但不能与浴锅接触,在浴液中插入温度计使浴液温度比烧瓶中高出20℃左右,调节加热速度使每秒钟流出蒸馏液1～2滴。在蒸馏过程中,应经常记录压力、温度等数据。蒸馏完毕,先去掉热源,取下热浴,稍冷后慢慢打开二通活塞,使系统与大气相通(这一操作应小心,一定要慢慢地旋开活塞,使压力计中水银柱慢慢恢复到原状,如太快,水银有可能冲出开口式压力计或冲破封闭式压力计),再旋开毛细管上螺旋夹(防止液体倒吸入毛细管)。切断电源,取下接收器,待仪器恢复常压,稍冷后即可按规定拆除。

3. 水蒸气蒸馏

水蒸气蒸馏是将水蒸气通入有一定挥发性的有机物中,使所需要蒸馏的物质在低于其沸点的情况下随着水蒸气一起被蒸馏出来。因此,水蒸气蒸馏是分离、提纯有机物常用的方法。常用于常压蒸馏易发生分解的某些高沸点有机物的分离,混合物中含有大量树脂状杂质或不挥发性杂质的分离,挥发性固状物的分离和在达到沸点时发生分解的有机物的分离。

利用水蒸气蒸馏来提纯有机物时,该有机物必须符合以下几个条件:不溶或难溶于水,与水长时间共沸不发生反应,在100℃时应有一定的蒸气压,一般不小于1300Pa。

利用水蒸气蒸馏的理论依据是:由道尔顿(Dalton)分压定律可知,当有机物与水一起加热时,整个系统的蒸气压力应为各组分蒸气压之和,即

$$p=p_{H_2O}+p_A$$

其中,p为总蒸气压;p_{H_2O}为水的蒸气压;p_A为与水不溶物的蒸气压。当混合物中各组分蒸气压总和等于外界大气压时,液体混合物就沸腾。因此,混合物的沸点低于任何一个组分的沸点,结果有机物在比其沸点低得多的温度下随水蒸气被蒸馏出来。混合蒸气中各种气体分压(p_{H_2O},p_A)之比等于它们的物质的量(n_{H_2O},n_A)之比,即

$$\frac{n_{H_2O}}{n_A}=\frac{p_{H_2O}}{p_A}$$

式中：n_{H_2O}——蒸气中水的物质的量；

n_A——蒸气中 A 物质的物质的量。

因为

$$n_{H_2O}=\frac{W_{H_2O}}{M_{H_2O}}\qquad n_A=\frac{W_A}{M_A}$$

所以

$$\frac{W_{H_2O}}{W_A}=\frac{M_{H_2O}\cdot n_{H_2O}}{M_A\cdot n_A}=\frac{M_{H_2O}\cdot p_{H_2O}}{M_A\cdot p_A}$$

式中：W_{H_2O}——一定容积中水蒸气的质量；

W_A——一定容积中 A 物质蒸气的质量；

M_{H_2O}——水的摩尔质量；

M_A——A 物质的摩尔质量。

可见，两种物质在馏出液中的相对质量取决于它们的蒸气压与摩尔质量大小。馏出液中有机物质与水的质量比可由上式计算出。

第八节　过滤与重结晶

1. 普通过滤

普通过滤常用 60°角的圆锥形漏斗来进行。放入漏斗中的滤纸，其边缘应比漏斗的边缘略低些。过滤前用溶剂将滤纸润湿，然而倾入混合物进行过滤，在过滤过程中，漏斗中的液体应低于滤纸 1cm 左右。

为加快过滤速度，一般先将过滤物上部澄清液倾入过滤，然后再将沉淀移到滤纸上。过滤含有大颗粒干燥剂的有机液体时，可在漏斗颈部的上口轻轻放些棉花、纱布或玻璃丝来代替滤纸。

2. 抽气过滤

（见第三篇实验二　过滤和重结晶）

3. 加热过滤

用普通过滤法过滤热的饱和溶液时，由于过滤速度的限制，以及溶液与周围空气的热交换，往往在漏斗颈部析出结晶，导致过滤难以进行，此时最好的解决方法是利用热过滤装置（如图 2－2－33 所示）。

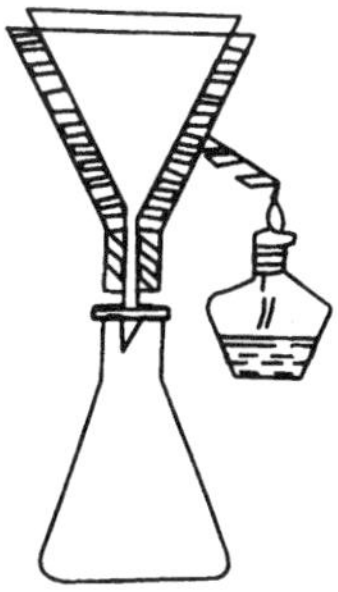

图 2－2－33

热过滤装置

热过滤装置由热水漏斗与玻璃漏斗组成。将玻璃漏斗套在一个金属制(大多为铜制)的热水漏斗中,热水漏斗套的两壁间充满水。若热过滤的溶剂是水或其他不易燃溶剂,可直接在热水漏斗的侧管处加热;如热过滤的溶剂是易燃有机物,则应把水烧开后由热水漏斗上端小口注入夹套内。过滤前,要先用少量热溶剂润湿滤纸,以免在过滤时滤纸吸收溶剂使溶液过饱和而析出结晶,影响过滤。

为了尽可能地利用滤纸的有效面积,以加快过滤速度,过滤热的饱和溶液时,常将滤纸折叠成为菊花形。菊花形滤纸的折叠方法见第三篇实验二。

如条件有限,也可用布氏漏斗趁热抽滤。为防止漏斗破裂和在布氏漏斗上析出结晶,可预先用热蒸气将漏斗预热后,再减压抽滤。

4. 重结晶

从有机反应中分离出的固体有机物往往是不纯的,其中常夹杂一些反应副产物、未反应的原料及催化剂等,纯化这类物质的有效方法通常是用合适的溶剂进行重结晶。重结晶的目的是创造条件使所要纯化的物质从过饱和溶液中结晶析出,而杂质则留在溶液中。

(1)重结晶的一般过程

① 选择适当的溶剂。

② 将粗产品溶于溶剂中制成热饱和溶液。

③ 趁热过滤除去不溶性杂质,如溶液颜色较深,可加入活性炭脱色后再过滤。

④ 将滤液冷却(或蒸发除去溶剂)即得结晶,杂质留在溶液中或杂质析出,而欲提纯物则留在溶液中。

⑤ 抽滤即得结晶,用少量溶剂洗涤晶体,再抽干。

(2)溶剂的选择

理想的溶剂必须具备以下几个条件:

① 与被提纯物不发生化学反应。

② 在较高的温度下能溶解大量的被提纯物,而在室温或更低的温度下只能溶解少量。

③ 对杂质的溶解度非常大(可留在母液中)或非常小(可在热过滤时除去)。

④ 沸点不宜太高,也不宜太低。太高时不易与晶体分离,太低时不易操作。

⑤ 能析出良好的晶体。

实验室中常用的溶剂有水、乙醇、丙酮、苯、乙醚、氯仿、石油醚、醋酸与乙酸乙酯等。选择溶剂时,不但要根据相似相溶原理考虑溶剂与被溶解物的结构,还要查阅化学试剂手册，有时必须由实验来确定。其方法是取 0.1g 样品放入试管中，加入 0.5～1mL 溶剂，加热至沸。如样品溶解且冷却后能析出大量结晶，则表示此溶剂可用；如样品无论在加热或冷却时都溶解，则该溶剂不适用；若 0.1g 样品加 1mL 溶剂加热至沸不溶解，再慢慢加入溶剂，当加至 3mL 溶剂时仍不溶解，表明这种溶剂不适用。有时难以选择一种合适的溶剂时，可考虑使用混合溶剂。混合溶剂一般由两种能够以任意比例混溶的溶剂组成，其中一种对样品有较大的溶解度，另一种则难以溶解。常用的混合溶剂有乙醇与水、乙醇与乙醚、乙醇与丙酮、乙醇与氯仿、苯与乙醚等。

(3)重结晶实验步骤

(见第三篇实验二　过滤和重结晶)

第九节　升　华

升华是纯化固体有机化合物的方法之一。某些物质在固态时就具有相当高的蒸气压，当加热时，不经过液态就直接变为气态，热蒸气受到冷却时又重新变为固体，这个过程叫升华。升华所需要的温度比蒸馏时低，但只有在其熔点以下具有相当高的蒸气压(＞2670Pa)的固体物质，才可用升华方法来提纯，因此有一定的局限性。

固态混合物具有不同的挥发度时，可应用升华法来提纯。升华常可得到较高纯度的产物，但操作时间长、损失也较大，因此在实验室中只用于少量物质的纯化。

实验室中常用的升华装置如图 2－2－34 所示。图 2－2－34a 是最简单的升华装置，在蒸发皿中盛已粉碎的粗产品，上面覆盖一张穿有许多小孔的滤纸，将大小合适的玻璃漏斗倒放在上面，漏斗的颈部塞上少许玻璃丝或棉花团(以防蒸气逸出)，在石棉网下渐渐加热蒸发皿，逐渐升温(温度低于升华物质的熔点)，使要提纯的物质升华。蒸气通过滤纸小孔，冷却后凝结在滤纸上或漏斗壁上。

在空气中或惰性气体流中进行升华的装置如图 2－2－34b 所示。在锥形瓶上打有两孔的软木塞，一孔插入玻璃管以导入气体，另一孔插入接液管，接液管另一端伸入圆底烧瓶中，烧瓶口塞一些棉花或玻璃丝。开始升华时，通入气体，带出升华的物质，遇到冷水冷却的烧瓶壁就凝结在壁上。值得注意的是，在升华前应将待升华的物质干燥。

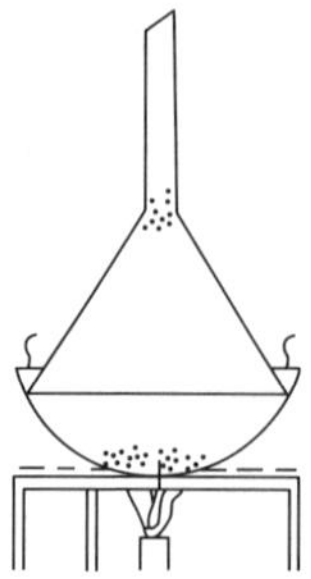

a)

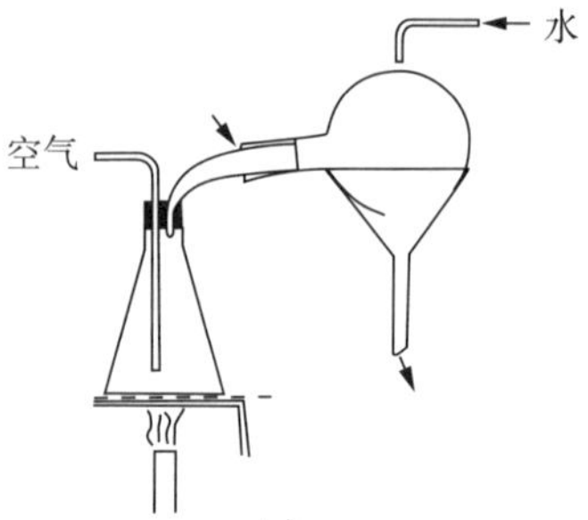

b)

图 2-2-34 升华装置

第十节 萃取与有机物的干燥

1. 萃取

萃取是有机化学实验中用来提纯或分离有机化合物的常用方法之一。利用萃取可以从固体或液体混合物中提取出所需的物质,也可以用来洗去混在有机物中的少量杂质。通常称前者为"萃取"或"抽提",后者为"洗涤"。

(1)从液体中萃取(液-液萃取)

在实验室中常用分液漏斗进行液-液萃取,萃取前应先用水检查活塞与塞子是否严密,以防萃取过程中溶液外漏。

萃取操作前,应选择容积比液体体积大 1 倍以上的分液漏斗。将活塞拔出擦干,均匀地涂上一层薄薄的凡士林,将塞子塞上向同一方向旋转数圈,使凡士林分布均匀,然后放在已固定在铁架台上的铁圈上。萃取时,把液体和萃取用的溶剂从上口倒入分液漏斗中,塞好盖子,取下分液漏斗振摇。分液漏斗的握法(如图 2-2-35所示):以右手手掌顶住漏斗的玻璃磨口盖子,手指可握住漏斗颈部或本身。左手握住漏斗的活塞部分,大拇指和食指按住活塞柄,中指垫在塞座下边,摇动时将漏斗稍倾斜,使漏斗的活塞部分向上,这样便于活塞放气。振荡后,令漏斗仍呈倾斜状,旋开活塞,放出蒸气或产生的气体,使漏斗内外压力相等,否则活塞将

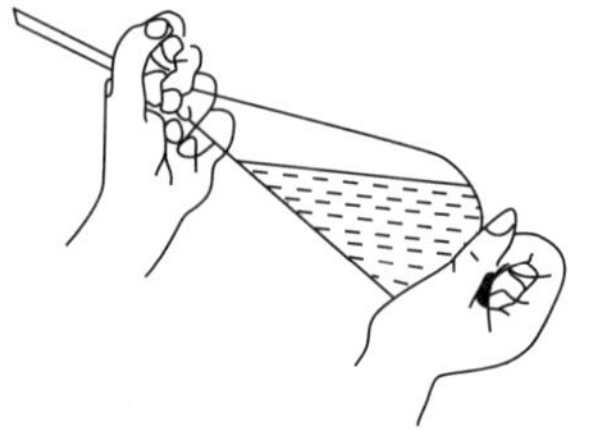

图 2-2-35 分液漏斗的使用

被顶出而使溶液外漏。振荡数次后，将分液漏斗放在铁圈上静置。待两层液体完全分开后，打开上面的玻璃盖(或旋转玻璃盖，使盖上的凹痕对准漏斗颈上的小孔)，再将活塞慢慢旋开，下层液体自活塞放出。一定要尽可能分离干净，有时在两相间可能出现的一些絮状物也应同时放去。之后将上层液体从分液漏斗的上口倒出，不能从活塞放出，以免被残留在漏斗颈上的另一种液体沾污。一般萃取3～5次即可把一种物质全部萃取出来。

有时有机溶剂与某些物质(尤其是碱性物质)的溶液一起振荡，会产生乳化现象而形成较稳定的乳浊液，很难分层。在这种情况下应避免剧烈振荡，如果已形成乳浊液，可加入电解质或少量稀酸并长时间静置使其分层。有机溶剂萃取时，一般遵从少量多次的原则，即把一定量的溶剂分成几份做多次萃取比用全部量溶剂做一次萃取效果好。

若有机物质在原有溶剂中的溶解度大于在萃取剂中的溶解度时，就必须用大量的溶剂并要多次萃取。其装置有两种：一种适用于从较重的溶液中用较轻的溶剂萃取(如用乙醚萃取某种物质的水溶液)，如图2-2-36a所示；另一种适用于从较轻的溶液中用较重的溶剂萃取(如用氯仿萃取某种物质的水溶液)，如图2-2-36b所示。

(2)从固体中萃取(液-固萃取)

从固体中萃取所需的物质，最简单的方法是把固体混合物先研碎，放在有塞的容器中。加入溶剂，用力振荡，然后用过滤法或倾析法把萃取液与残留的固体分开。如果被萃取的物质在萃取剂中溶解度较大，也可以把固体混合物放在有滤纸的玻璃漏斗中，用溶剂洗涤。这样，所要萃取的物质就可以溶解在溶剂中而被萃取出来。如被萃取的物质在溶剂中的溶解度很小，用上述的方法就要消耗大量的溶剂和很长的时间。在这种情况下，一般用脂肪提取器来提取，如图2-2-36c所示。

脂肪提取器是利用溶剂回流及虹吸原理，使固体物质每一次都能被纯溶剂所萃取，故萃取效率较高。使用脂肪提取器前，应先把固体物质粉碎，然后将其放入滤纸套内包好，置于提取器中，提取器下端通过塞子(或磨口)与盛有溶剂的烧瓶相连，上端接上回流冷凝管。当溶剂沸腾时，蒸气通过玻璃管上升，被冷凝管冷却后成为液体，滴入提取器中对固体物质进行萃取。在液面超过虹吸管的最高处时，即虹吸流回到烧瓶中，可以萃取出溶于溶剂的部分物质。这种方法是利用溶剂的不断回流和虹吸作用，使固体中溶于溶剂的物质富集到烧瓶中，然后用蒸馏或其他方法把萃取到的物质从溶剂中分离出来。

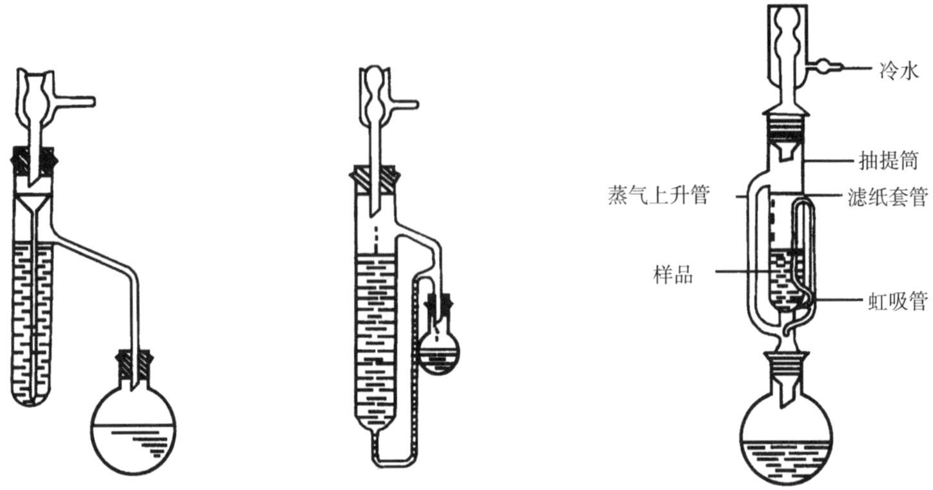

a) 用较轻溶剂萃取较重溶液中物质的装置　b) 用较重溶剂萃取较轻溶液中物质的装置　c) 脂肪提取器

图 2-2-36　连续萃取装置

2. 干燥与干燥剂

在蒸去溶剂和进一步实验前,常要除去溶剂(或其他有机物)中的水分,即需要干燥。有机物的干燥方法大致有物理方法和化学方法两种。物理方法(不需要加化学试剂)有吸收、分馏等,还有用分子筛脱水;化学方法是在有机液体中加入干燥剂,干燥剂与水起化学反应或形成水合物,达到除去水分干燥的目的。在实验室中常用化学方法来干燥。

(1)液体有机物的干燥

液体有机物的干燥常通过向其加入适量的干燥剂来进行。

① 干燥剂的种类与要求:根据干燥剂干燥的原理不同可分为两大类。第一类是与水形成水合物而除去水,如 $CaCl_2$,$MgSO_4$,Na_2SO_4 等;第二类是与水发生化学反应生成新的化合物而除去水,如 Na,P_2O_5 等。实验室中最常用的是第一类干燥剂。实验室中常用的干燥剂应不与被干燥的物质发生化学反应或物理吸附,不溶于有机溶剂中,吸水量大,干燥速度快且价格便宜。实验室中常用的干燥剂及其使用范围见附录 6。

② 干燥方法:液体有机物的干燥一般在锥形瓶中进行。把选定的干燥剂适量投入液体中,用塞子塞紧(用金属钠做干燥剂时例外,此时应塞上一支带有无水氯化钙的干燥管,使产生的氢气放出而空气中的水分不被吸入),振荡片刻,静置,使所有的水分全部被除去。干燥时,所用的干燥剂颗粒不能太大也不能太小,颗粒太

大则干燥效果差；颗粒太小，在干燥过程中会成为泥状而难以与液体分开。

③ 使用干燥剂应注意的问题：第一，使用干燥剂时，要考虑其吸水能力、干燥速度，还要考虑被干燥物质的性质和含水量，如含水量较大，可先用吸水量较大的干燥剂进行干燥，然后将干燥剂滤去后再加入干燥效能强的干燥剂进行干燥；第二，干燥剂的用量要适当，一般为液体量的5%左右；第三，干燥剂只能用来干燥含有少量水的有机物，如被干燥物中含有大量水，应在加入干燥剂前设法除去；第四，在蒸馏前，应将干燥剂除去，因温度升高可能破坏干燥剂与水形成的水合物；第五，干燥剂与水形成水合物需要一定时间，因此加入干燥剂后最少要放置2h或更长时间。

(2)固体有机物的干燥

固体有机物的干燥主要是除去残留在固体上的少量低沸点溶剂。由于固体的挥发性较溶剂小，所以可采用多种方法来干燥。

① 干燥器干燥：干燥器可用来干燥对热不稳定或吸湿性较强的固体有机物，常用的干燥器有普通干燥器和真空干燥器两种(如图2-2-37所示)。干燥器中所放的干燥剂应由固状物中含有水分的多少及固状物的性质来决定。干燥时，将被干燥物放在表面皿、培养皿或滤纸等上面，再放在隔板上。

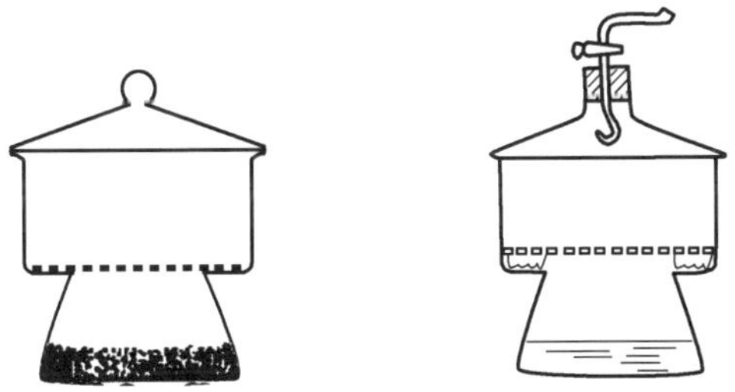

a) 普通干燥器　b) 真空干燥器

图2-2-37　常用的干燥器

② 自然干燥法：自然干燥法是最简单、最经济的方法。把待干燥的有机物在布氏漏斗上抽干，然后在滤纸上面薄薄地摊开，用另一张滤纸覆盖起来，在空气中慢慢地晾干。用这种方法干燥的有机物应该有稳定、不分解、不吸潮的特点。

③ 加热干燥法：该法适用于熔点较高、遇热不分解的固体，可使用烘箱或红外灯加热烘干，加热温度应低于固体有机物的熔点，并不时翻动，以免结块。

第三篇
实验项目

第一章　基本操作实验

实验一　基础化学实验的基本知识和基本操作

【实验目的】

1. 掌握化学实验室安全知识。
2. 了解化学实验室规则。
3. 掌握基础化学实验的基本知识和基本操作。
4. 认领和清洗常用玻璃仪器。

【实验原理】

相关原理见第一篇和第二篇相关内容。

【仪器和试剂】

仪器：烧杯、酸(碱)式滴定管、锥形瓶、移液管、吸量管、容量瓶、表面皿、点滴板、蒸发皿、洗瓶、玻璃棒、离心试管、试管、试管架、量筒、洗耳球、酒精灯、试管夹、三脚架、泥三角、胶头滴管、石棉网等。

试剂：自来水、蒸馏水、洗液。

【实验内容】

1. 化学实验室安全知识教育(详见第一篇第二章)。
2. 化学实验室规则教育(详见第一篇第二章)。
3. 基础化学实验学习方法(详见第一篇第一章)。

4. 实验报告书写要求(详见第一篇第一章)。

5. 化学试剂的分类、选用原则介绍及取用方法练习(详见第二篇第一章及第二章)。

6. 常用玻璃仪器的认领、洗涤与使用练习(详见第二篇第一章及第二章)。

【拓展阅读】

案例一 实验室冲洗未知物引发烧瓶炸裂事故

2021年7月27日,广州某大学一实验室研究人员在清理通风柜时发现之前毕业生遗留在烧瓶内的未知白色固体,随即用水冲洗时发生炸裂,炸裂产生的玻璃碎片刺破该研究人员手臂动脉血管,所幸在场同学和老师及时对其施救并及时送医救治,伤情得到控制,没有造成生命危险。

【事故解析】 经与实验室负责老师和白色固体制备者联系得知,残留的未知白色固体中可能含有氢化钠或氢化钙,遇水即可发生剧烈反应而炸裂。

【事故警示】 在实验室中不可随意清洗未知物品,也不可任意混合未知物品。

案例二 实验台水龙头漏水引发火灾事故

2011年10月10日中午,长沙某大学实验楼四楼发生火灾,过火面积约500平方米,虽然没有造成人员伤亡,但许多宝贵的资料被烧毁,十余年的科研数据付之一炬,给学校的教学、科研工作带来了无法弥补的损失。这栋四层楼房年代较久,屋顶为纯木质结构,加上实验室有很多有机易燃试剂,火势蔓延十分迅速,顶层基本被烧毁,且殃及几个重点实验室。

【事故解析】 灾后经调查得知,事故是由于实验台上水龙头漏水,实验台下存放有金属钠等危险化学品,这些化学品遇水产生燃烧,从而引发火灾。

【事故警示】 危险化学品存放在安全位置,离开实验室时一定检查水、电、门、窗,保证实验室的水电安全,及时消除安全隐患。

化学实验的基本知识

化学实验常见仪器

实验二　过滤和重结晶

【实验目的】

1. 掌握减压过滤、热过滤的操作和菊花形滤纸的折叠方法。

2. 熟悉重结晶法提纯固体有机物的原理和方法。

【实验原理】

1. 过滤

过滤是化学实验中经常采用的操作。常用的过滤方法有三种：普通过滤、热过滤、减压过滤。

(1)普通过滤

普通过滤常采用60°角的圆锥形漏斗。放入漏斗中的滤纸，其边缘应比漏斗的边缘略低些。过滤前用溶剂将滤纸润湿，倒入液体时，液面应比滤纸边缘低1cm。

若在有机液体中有大颗粒干燥剂，可在漏斗颈部的上口放少量棉花、丝布或玻璃丝代替滤纸。为了加快速度，一般先将过滤物上部清液过滤，再将沉淀移至滤纸上过滤。

(2)减压过滤

减压过滤又称吸滤或抽滤，其优点是过滤和洗涤的速度快，液体和固体分离较完全，滤出的固体容易干燥，其装置如图3-2-1所示。减压过滤装置由布氏漏斗和抽滤瓶组成。

① 布氏漏斗

布氏漏斗为瓷质的，底部有许多小孔。在实验时，滤纸直径应略小于布氏漏斗内径，以能盖住所有滤孔为宜。

② 抽滤瓶(或吸滤瓶)

抽滤瓶为具有侧管的厚壁锥形瓶，用来接受滤液。其侧管与抽气泵相连。布氏漏斗下端斜口应正对抽滤瓶的侧管，以免滤液被吸入侧管。抽滤时同样要润湿滤纸，并使之紧贴于布氏漏斗底部，然后打开抽气泵抽气，进行抽滤。

减压过滤应注意：

a. 滤纸不应大于布氏漏斗的底面。

b. 抽滤前必须用同一种溶剂将滤纸润湿,使滤纸紧贴于漏斗底面,打开水泵将滤纸吸紧,避免固体在抽滤时从滤纸边沿吸入抽滤瓶中。

c. 停止抽滤时,先将抽滤瓶与水泵间连接的橡皮管拆开,或者将安全瓶上的活塞打开与大气相通,防止水倒流入吸滤瓶内,然后再关闭水泵。

少量物质的过滤(少于 0.1g),可使用玻璃钉或小型多孔板漏斗,装置如图 3-2-2 所示。它们是在普通漏斗中加一玻璃钉或多孔板,漏斗内放一圆形滤纸,然后安在吸滤瓶上抽气过滤。使用玻璃钉漏斗,滤纸直径应比玻璃钉直径约大 0.4～0.5cm 为宜。

强酸性和碱性溶液过滤时,应在布氏漏斗上铺上玻璃布、涤纶布或氯纶布来代替滤纸。

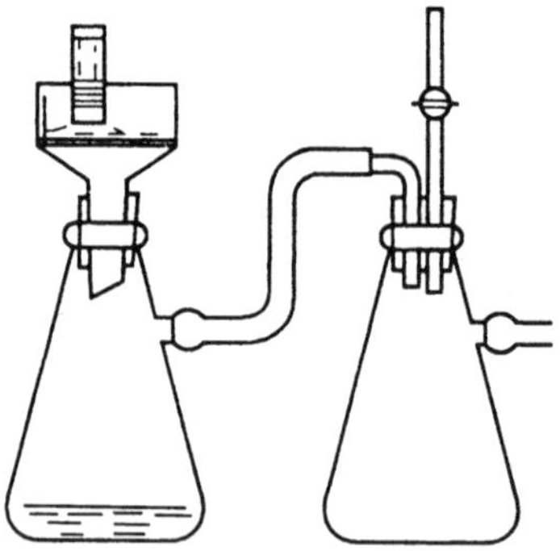

图 3-2-1 带安全瓶的抽滤装置

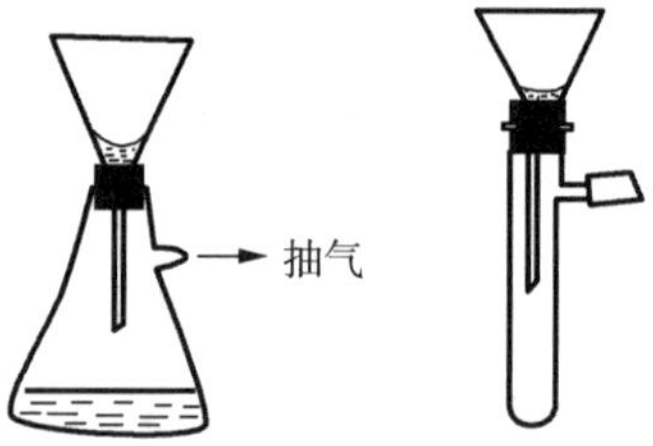

图 3-2-2 少量物质的抽滤装置

(3)热过滤

热过滤溶液时,由于溶液冷却,常在漏斗中或其颈部析出晶体,使过滤发生困难。这时可以将玻璃漏斗装在一个特别的金属套中,进行过滤。最简单的方法是把玻璃漏斗套在一金属制的热水漏斗套中,套内两壁间充水,如溶剂是水时可加热热水漏斗的侧管。如溶剂是可燃性的,则在过滤时应先熄灭火焰。过滤时要先用少量热溶剂润湿滤纸,避免在过滤时因滤纸吸附溶剂而使结晶析出。其装置如图 3-2-3 所示。金属套内装约 2/3 的水,在侧管处加热套内的水,可以保证过滤过程中维持在一定温度。

为了加快过滤速度,常将滤纸折叠成有效面积较大的菊花形,折叠方法如下:

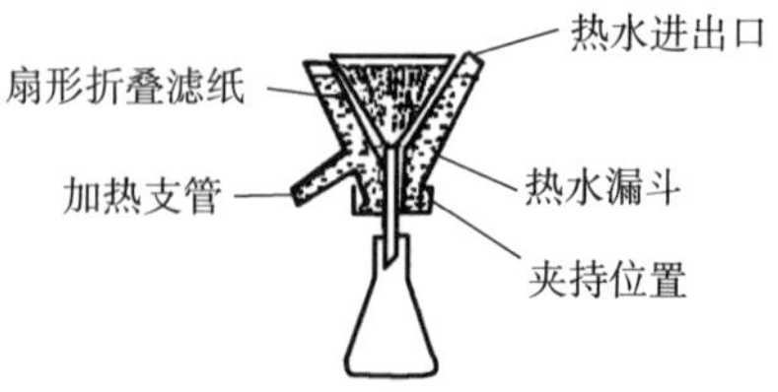

图 3-2-3 保温过滤漏斗

① 先将圆形滤纸等折为四分之一，$o—a$、$o—b$、$o—c$、$o—a$ 与 $o—c$ 之间对折出 $o—e$，在 $o—c$ 与 $o—b$ 之间对折出 $o—d$，如图 3-2-4a 所示。

② 在 $o—b$ 与 $o—e$ 间对折出 $o—f$，在 $o—a$ 与 $o—d$ 间对折出 $o—g$，如图 3-2-4b 所示。

③ 在 $o—a$ 与 $o—e$ 间对折出 $o—i$，$o—d$ 与 $o—b$ 间对折出 $o—h$，如图 3-2-4c 所示。

④ 从上述折痕的相反方向，在相邻两折痕（如 $o—b$、$o—h$、$o—d$、$o—h$）都对折一次，呈双层的扇形，如图 3-2-4d 所示。

⑤ 拉开双层，在原扇形两端各有一个折痕同向的折面，将此双折面向内对折，即得菊花形滤纸，如图 3-2-4e 所示。

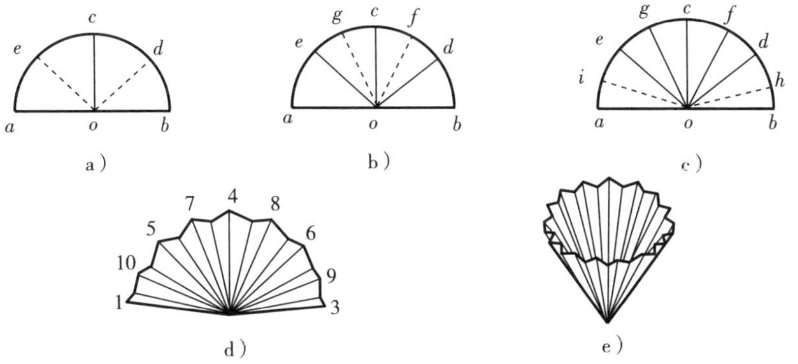

图 3-2-4　菊花形滤纸的折叠顺序

注意：每次对折时，切勿重压折纹集中的滤纸中心处，否则过滤时滤纸容易破裂。折好后将菊花形滤纸翻转，整理后放入漏斗中待用。

2. 重结晶

重结晶是纯化固体有机化合物的常用方法之一。

重结晶是利用被提纯物和杂质的溶解度及各自在混合物中的含量不同而进行的一种分离纯化方法。通常在混合物中，被提纯物为主要成分，其含量较高，容易配制成热的饱和溶液，而此时杂质则远未达到饱和溶液。因此，当热的饱和溶液冷却时，被提纯的物质由于溶解度下降会结晶析出，而杂质则全部或部分留在溶液中（若杂质在溶剂中的溶解度极小，则配成热饱和溶液后被过滤除去），这样便达到了提纯的目的。重结晶只适宜杂质含量在 5%以下的固体有机混合物的提纯。

重结晶的一般过程是：将不纯的固体有机物溶于适当的溶剂中，经过滤、脱色等方法去除杂质，滤液经冷却使其重新结晶析出，得到比较纯的化合物。

重结晶方法一般包括以下几个主要步骤:

(1)选择适当溶剂。

(2)将粗产品溶于适宜的热的溶剂中制成饱和溶液;加入比需要量(根据查得的溶解度数据或溶解度试验方法所得的结果估计得到)稍少的适宜溶剂,加热至沸腾。若未完全溶解时,可逐次补加少量溶剂,每次加入后均需再加热使溶剂沸腾,直至物质完全溶解为止。溶剂的量要适当,公认的原则是,按饱和溶液的需要量多加20%,这是一个参考值,在实际工作中,主要根据实验来确定。

(3)趁热过滤除去不溶性杂质。如含有有色杂质,可加入活性炭脱色,再进行热过滤。

(4)将滤液冷却(或蒸发除去溶剂)即得到结晶,而杂质则留在母液中,或者杂质析出,而欲提纯的化合物则留在溶液中。

(5)经减压过滤,洗涤,抽干,分离结晶或杂质。

(6)干燥结晶。

重结晶过程的关键是选择合适的溶剂,否则将达不到纯化的目的或收率甚低。溶剂必须符合以下条件:

(1)不与被提纯物质发生化学反应。

(2)对于被提纯物质在溶剂中的溶解度,高温时应较大,而低温时应很小。

(3)对杂质的溶解度应非常小或非常大,这样杂质可在趁热过滤时作为不溶组分或在冷却后抽滤时作为溶解组分而除去。

(4)溶剂的沸点不宜太高,也不宜太低。太高时,不易与晶体分离,太低时不易操作。

(5)对要提纯的物质能生成较整齐的晶体。

(6)价廉易得。

常用的溶剂有水、乙醇、丙酮、苯、乙醚、乙酸、石油醚、氯仿、乙酸乙酯等。

注意:选不到单一的合适溶剂,则可使用混合溶剂进行重结晶。

【仪器和试剂】

仪器:铁架台、酒精台、布氏漏斗、吸滤瓶、热过滤器、烧杯、短颈漏斗、玻璃棒、滤纸、天平、表面皿。

试剂:粗苯甲酸、活性炭。

【实验步骤】

1. 溶解、脱色:用台秤称取3.5g粗苯甲酸,放在250mL烧杯中,加入150mL

蒸馏水[1]，加热至沸腾，直至苯甲酸溶解。若不溶解，可分次再适量添加少量(2～3mL)热蒸馏水，搅拌并加热至接近沸腾令苯甲酸完全溶解。如溶液有颜色，则应先撤去热源，待溶液稍冷却后，加入 0.1g 左右的活性炭[2]于溶液中，煮沸 5～10min，脱色。

2. 热过滤：在脱色的同时准备好热水漏斗、菊花形滤纸及烧杯，并在热水漏斗中加入热水，加热待水接近沸腾时，放入折叠好的滤纸，并用少量的热水润湿。然后，对上述热溶液进行热过滤，滤液用烧杯收集。在过滤过程中应用小火加热保温以免冷却析出晶体，妨碍过滤。滤完后，再用少量(1～2mL)热蒸馏水洗涤滤渣一次。

3. 结晶：将所得的滤液充分冷却，使之结晶析出[3]。

4. 抽滤、洗涤：按装置图装好抽滤装置，进行抽滤，抽干后，用玻璃钉或玻璃瓶塞压挤晶体，继续抽滤，尽量除去母液，然后进行晶体的洗涤。即先把橡皮管从抽滤瓶上拔出，关闭循环水真空泵[4]，把少量蒸馏水(做溶剂)均匀地洒在滤饼上，浸没晶体，用玻璃棒小心地均匀地搅动晶体，接上抽气泵，抽滤至干，如此重复洗涤两次。

5. 干燥晶体：取出晶体，放在表面皿上晾干(适合不吸水的产品)，或在 100℃以下烘干(可根据重结晶所用的溶剂及结晶的性质来选样，常用的方法有空气晾干、红外灯或烘箱烘干、用滤纸吸干或置于干燥器中干燥)，称重，最后把样品倒入回收瓶，计算产率。

【数据记录与处理】

$$回收率=\frac{回收晶体质量}{原苯甲酸质量}\times 100\%$$

思考题

1. 重结晶法一般包括哪几个步骤？各个步骤的主要目的是什么？

2. 重结晶时，溶剂的用量为什么不能过多，也不能过少？正确的用量该是如何？

3. 用活性炭脱色为什么要待固体物质完全溶解后才加入？为什么不能在溶液沸腾时加入？

4. 使用有机溶剂重结晶时，哪些操作容易着火？怎样才能避免呢？

5. 对某一有机物进行重结晶，最合适的溶剂应该具有哪些性质？

6. 为什么要采取趁热过滤？

7. 采用抽滤时应注意哪些问题?

注释:

[1] 苯甲酸又称安息香酸,是一种无色无味片状结晶,它是化学上合成染料、药物等的重要中间体,是一种应用广泛的试剂,需要学会重结晶的操作技术以提高对苯甲酸的利用。常温时,苯甲酸在水中的溶解度为0.34g/100mL。在100℃时,苯甲酸在水中的溶解度为4g/100mL。

[2] 活性炭可吸附有色物质、树脂状物质及均匀分散的物质。因为有色杂质虽可溶于沸腾的溶剂中,但当冷却析出结晶时,部分杂质又会被晶体吸附,使得产物带色,所以用活性炭脱色要待固体物质完全溶解后才可加入。用量根据杂质颜色深浅而定,一般用量为固体量的1%~5%,煮沸5~10min,不断搅拌,如一次脱色不好,可再加少量活性炭,重复操作。活性炭对水溶液脱色很好,对非极性溶液脱色较差。如发现溶液中有活性炭时,应重新过滤。要注意活性炭不能加入已沸腾的溶液中,以免溶液暴沸而从容器中冲出。

[3] 如果要获得大颗粒的结晶,须将滤液在室温下放置,让其慢慢冷却。迅速冷却将导致结晶颗粒较细,结晶会吸附杂质。结晶速度过慢,将导致晶体颗粒过大,结晶中会包藏有溶液和杂质,不仅降低纯度,还会给干燥带来麻烦。

若冷却后仍无结晶析出,可采用下述方法处理:

① 用玻璃棒摩擦容器内壁(造成粗糙面,提供结晶中心);

② 加入少量所需结晶的化合物晶体(作为晶种);

③ 用冰水浴冷却。

[4] 关闭水泵前,若不先将吸滤瓶与水泵间的橡皮管拆开,水会倒流入抽滤瓶内。如果用油泵,停止抽气时,则要先将安全瓶上的活塞打开与大气相通。

过滤和重结晶

实验三　熔点的测定

【实验目的】

1. 掌握和熟悉显微熔点测定仪的操作步骤。
2. 学会利用显微熔点测定仪测定物质的熔点。
3. 了解测定物质熔点的意义。

【仪器和试剂】

仪器：X－5 显微熔点测定仪、载物片。

试剂：丙酮、萘。

【实验内容】

1. 安装装置

如图 3－3－1 所示正确安装实验装置仪器。

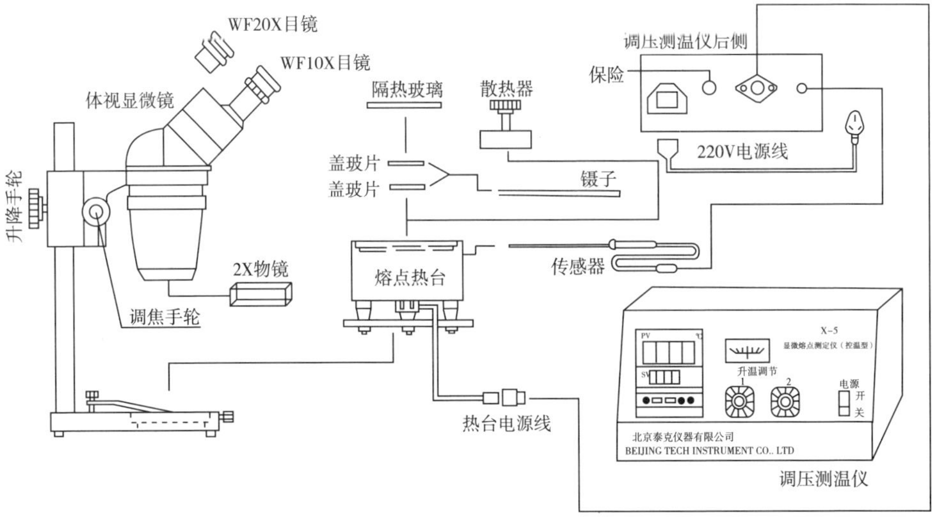

图 3－3－1　实验装置分布图

2. 校正仪器

先用熔点标准药品进行测量标定(操作参照具体的测量步骤)。求出修正值(修正值=标准药品的熔点标准值－该药品的熔点测量值),作为测量时的修正值依据。

3. 操作步骤

(1)将热台的电源线接入调压测温仪后侧的输出端,并将温度计插入热台孔,将调压测温仪的电源线与AC 220V电源相连。

(2)取两片盖玻片,用蘸有乙醚(或乙醚与酒精混合液)的脱脂棉擦拭干净。晾干后,取适量待测物品(不大于0.1mg)放在一片载玻片上并使药品分布薄而均匀,盖上另一片载玻片,轻轻压实,并放置在热台中心,然后盖上隔热玻璃。

(3)扶好主机头,松开显微镜的升降手轮,参考显微镜的工作距离(88mm或33mm),上下调整显微镜,直到从目镜中能看到熔点热台中央的待测物品轮廓时锁紧该手轮;然后调节调焦手轮,直到能清晰地看到待测物品的像为止。

(4)X-5调压测温仪显示窗介绍如下。

①显示窗如图3-3-2所示。②在工作状态下:“PV”实时显示温度测量值,“SV”显示上限温度值。在设定状态下:“PV”显示功能提示符,“SV”显示设定值。

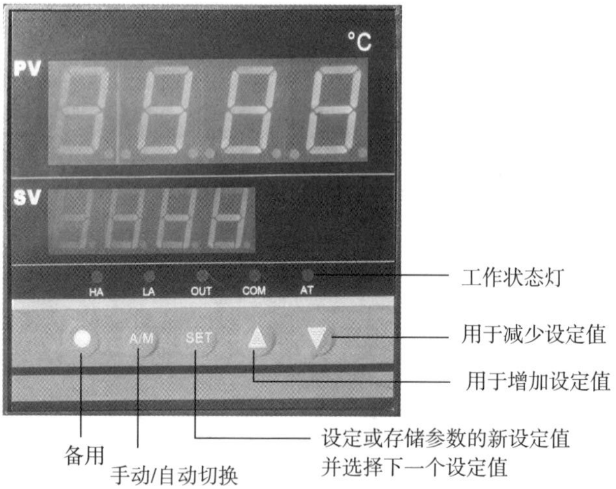

图3-3-2 温度控制面板分布图

(5)仔细检查系统的各种连接无误后,将调压控温仪上的调温旋钮1和2逆时针调至尽头,打开电源开关。

(6)接通电源后,仪表上排“PV”显示HELO,下排“SV”显示“PASS”字样表示仪表自检通过。如果显示“－HH－”表示:①未接实或未接传感器;②传感器热阻止开路;③超温度量值。

(7)自检通过后,系统自动进入工作状态。此时,“PV”显示测量值:“SV”显示上限温度值。按“▲”“▼”键可以改变上限温度值,一般按照比待测物的熔点大约值略高调整上限设定值,起保护作用和限定高温作用。

(8)根据被测物熔点品的温度值,控制调温旋钮 1 或 2(1 表示升温电压宽量调整,2 表示升温电压窄量调整,其电压变化可参与电压表的显示),以达到在测物质熔点过程中,前段升温迅速,中断升温渐慢,后段升温平缓。具体方法如下:先将两调温旋钮顺时针调到最大位置,使热台快速升温。当温度接近待测物体熔点温度以下 40℃左右时(中段),将调温旋钮逆时针调节至适当位置,使升温速度减慢。在被测物熔点值以下 10℃左右时(后段),调整调温旋钮控制升温速度约每分钟 1℃左右。

(9)观察被测物的熔化过程,记录初熔和全熔时的温度值,用镊子取下隔热玻璃和盖玻片,即完成一次测试。如需重复测试,只需将散热器放在热台上,电压调为零或切断电源,使温度降至熔点值以下 40℃即可。

(10)测试完毕,应及时切断电源,待热台冷却后,方可将仪器按规定装入包装。用过的载玻片可用乙醚擦拭干净,以备下次使用。

对已知熔点的物质,可根据所测物质的熔点值及测温过程(参照 8),适当调节调温旋钮,实现测量;对未知熔点物质,可先用中、较高电压快速粗测一次,找到物质熔点的大约值,再根据该值适当调整和精细控制测量过程(参照 8),最后实现较精确测量。精密测试时,对实测值进行修正,并多次测试,计算平均值。

【实验数据处理】

物品熔点值的计算:

一次测试:

$$T = X + A$$

式中:T——被测物品熔点值;

X——测量值;

A——修正值。

多次测试:

$$T = \frac{\sum_{i=1}^{n}(x_i + A)}{n}$$

式中:T——被测物品熔点值;

X_i——第 i 次测量值;

A——修正值;

n——测量次数。

【注意事项】

1. 使用前一定要将载物片擦拭干净,以免污染样品,影响测量结果。

2. 透镜表面有污秽时,可用脱脂棉蘸少许乙醚和乙醇混合液轻轻擦拭,如有灰尘,可用洗耳球(吹球)吹去。

3. 非专业人员请勿自行拆卸仪器,以免影响仪器性能。

4. 测试操作过程中,熔点热台属高温部件,一定要使用镊子夹持放入或取出熔点样品。严禁用手触摸,以免烫伤!

实验四　常压蒸馏及沸点的测定

【实验目的】

1. 了解沸点测定的意义，掌握常量法（蒸馏法）测定沸点的原理与方法。

2. 掌握常 压蒸馏的基本操作。

【实验原理】

1. 蒸馏：将液态物质加热至沸腾，使之变为蒸气，然后使蒸气冷却再凝结为液体，这一过程就称为蒸馏。

2. 常压蒸馏：就是在正常大气压（一个标准大气压附近）下进行的蒸馏。

3. 沸点：液态物质的饱和蒸气压等于外界大气压时的温度就叫作该物质的沸点。因此，沸点与外界大气压有很大关系。

4. 蒸馏的作用：

(1)通过蒸馏可以分离和提纯有机化合物；

(2)也可以测定物质的沸点。

5. 蒸馏对物质的要求：

(1)被蒸馏的物质在沸点范围内加热不发生分解等化学变化；

(2)混合液体的蒸馏要求被蒸馏物质在加热条件下不发生化学反应。

【仪器和试剂】

仪器：铁架台（两个）、蒸馏烧瓶、温度计、三角烧瓶、酒精灯、直形冷凝管、乳胶管。

试剂：工业乙醇、沸石（或素瓷片）。

【实验内容】

1. 安装仪器

按如图 3－4－1 所示安装好仪器[1]，注意使温度计水银球的上沿与蒸馏烧瓶的支管下沿处在同一水平位置。

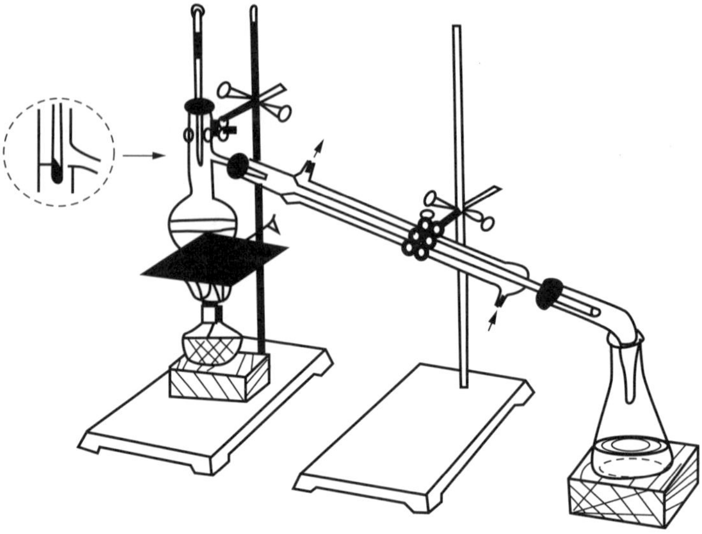

图 3-4-1　蒸馏装置

2. 加料

把不少于蒸馏烧瓶 1/3 的工业酒精通过漏斗加入圆底烧瓶,并加入沸石(或素瓷片)[2],塞好带温度计的温度套管,并仔细检查各连接处的气密性[3]。

3. 加热

加热前先通入冷凝水,然后再用酒精灯加热,并注意观察烧瓶中现象和温度计的读数的变化。当瓶内液体开始沸腾时,蒸气逐渐上升,随后温度计水银柱开始急剧上升。这时应适当调小火焰,使温度略为下降,让水银球上的液滴和蒸气达到平衡,然后再适当调节加热强度进行蒸馏,控制流出的液滴,以每秒 1~2 滴为宜。当温度计读数上升至 77℃时,换一个已称量过的干燥的小三角烧瓶做接收器,收集 77℃~79℃的馏分。

当温度计的读数出现下降时,停止蒸馏。

4. 拆除装置

蒸馏完毕,先停止加热,后停止通水。拆卸仪器的步骤与安装时相反,即按次序取下接收器、接液管、冷凝管和蒸馏瓶。

【实验结果】

称量所收集馏分的重量或体积,计算回收率。

思考题

1. 在进行蒸馏操作时应注意什么问题(从安全和效果两方面来考虑)?
2. 蒸馏时,为什么要放入沸石?
3. 温度计的位置应怎样确定? 偏高或偏低对沸点有何影响?

注释:

[1] 在安装时,其程序一般是由下(从加热源)而上,由左(从蒸馏烧瓶)向右,依次连接。

[2] 沸石为多孔物质,受热后能产生细小的空气泡。在液体沸腾时,可作为汽化中心,使沸腾保持平稳,以免发生暴沸现象。沸石必须在加热前加入,若忘记加入,则必须停止加热,待液体稍冷后,才可补加。否则,向正在加热的液体中投入沸石,会因骤然增加汽化中心而引起暴沸。如果蒸馏因故中途停止,在重新加热前,必须补加新的沸石。先前的沸石,因在冷却时吸入了液体,已经失效。

[3] 蒸馏装置各器件连接的密闭性不好,在蒸馏时容易漏气,不仅影响蒸馏产物的产率,还污染实验环境,若是易燃气体,还可能造成燃烧、爆炸等事故。所以装置的各磨口连接一定要严密。

常压蒸馏及沸点的测定

实验五　酸碱溶液的配制和比较滴定

【实验目的】

1. 掌握酸碱溶液的配制和比较滴定的方法。

2. 学会滴定操作技术以及如何选择指示剂和判断终点。

【实验原理】

本实验以 NaOH 和 HCl 的相互滴定为例,通过 HCl 标准溶液和 NaOH 标准溶液的配制和比较滴定,练习滴定分析基本操作。

配制酸溶液通常用盐酸(或硫酸),不用硝酸或醋酸,因为硝酸有较强的氧化性而醋酸酸性太弱。配制碱溶液通常用氢氧化钠。

由于浓盐酸不仅含有杂质,而且容易挥发,氢氧化钠容易吸收空气中的水分和二氧化碳。因此不能直接配制准确浓度的盐酸和氢氧化钠溶液,而只能先配制成近似浓度的溶液,再用适当的基准物或另一已知准确浓度的标准溶液标定其准确浓度。

滴定分析定量计算的依据是"等物质的量关系",以 NaOH 和 HCl 反应为例,其反应方程如下:

$$NaOH + HCl = NaCl + H_2O$$

NaOH 和 HCl 溶液反应达等量点时:

$$c(\mathrm{HCl}) \cdot V(\mathrm{HCl}) = c(\mathrm{NaOH}) \cdot V(\mathrm{NaOH})$$

即

$$\frac{c(\mathrm{HCl})}{c(\mathrm{NaOH})} = \frac{V(\mathrm{NaOH})}{V(\mathrm{HCl})}$$

因此,通过比较滴定,可以确定等量点时两者的体积比。已知其中一种溶液的浓度,即可求出另一种溶液的浓度。

【仪器和试剂】

仪器:酸式滴定管(50mL)、碱式滴定管(50mL)、锥形瓶(250mL)、烧杯、玻璃棒、洗瓶、容量瓶、移液管、吸量管、洗耳球。

试剂:HCl(2.5mol · L^{-1})、NaOH(2.5mol · L^{-1})、酚酞(1%的95%酒精溶液)、甲基橙(0.1%水溶液)。

【基本操作】

1. 移液管(或吸量管)的基本操作

移液管作为一种精密的量器,其准确度达 0.01mL,是常规滴定分析中量取试液的工具。其操作要求为:

(1)移液前要依次用洗液、自来水、蒸馏水清洗,再用待量取液润洗三遍;

(2)左手拿洗耳球,右手拿移液管(或吸量管);

(3)吸液时先将试液取高于所需刻度,以右手食指按住端口后,缓慢放至刻度线,即得所需体积;

(4)管内试液放入待用容器中。

2. 滴定管的基本操作

滴定管分酸式和碱式两种,是滴定分析中盛装标准液、测定标液体积、控制标液滴定的必备仪器。其操作要求为:

(1)加液前要润洗;

(2)加液后,需赶尽管中气泡,并使液面位于零刻度或零刻度上方;

(3)滴定操作中,左手控制管中试液的滴定速度,右手摇晃锥形瓶;

(4)滴定终点时,读取滴定管中液面刻度,算出消耗标准液的体积。

3. 容量瓶的基本操作

容量瓶是配制一定体积溶液的准确量器。其操作要求为:

(1)不可用标液润洗;

(2)加入蒸馏水,接近刻度线时需用小滴头逐滴加入;

(3)准确定容后,盖上瓶塞后,倒置数次,混合均匀。

4. 滴定基本操作

(1)标液的滴加,先快后慢,接近终点时逐滴加入(0.5 滴,较高要求);

(2)滴定过程中,锥形瓶需不断高速摇晃,使反应迅速而充分;

(3)终点判断的依据:指示剂变色,保持 30s 以上。

【实验内容】

1. 0.1mol·L^{-1} HCl 配制

用吸量管吸取 10.00mL 2.5mol·L^{-1} HCl 于 250mL 的容量瓶中定容,摇匀,贴上标签得 0.1mol·L^{-1}的盐酸溶液。

2. 0.1mol·L^{-1} NaOH 配制

用吸量管吸取 10.00mL 2.5mol·L^{-1} NaOH 于 250mL 的容量瓶中定容,摇匀,贴上标签得 0.1mol·L^{-1}的 NaOH 溶液。

3. 0.1mol·L^{-1} HCl,0.1mol·L^{-1} NaOH 的比较滴定

用25.00mL移液管移取25.00mL 0.1mol·L^{-1} NaOH于锥形瓶中,加入1滴甲基橙指示剂,然后以0.1mol·L^{-1} HCl为标准溶液进行滴定,滴定至溶液呈橙色。记录滴定消耗HCl体积V_1,平行测定三次,要求三次测定结果的相对平均偏差不超过±0.2%,否则应重做。

用25.00mL移液管移取25.00mL 0.1mol·L^{-1} HCl于锥形瓶中,加入1滴酚酞指示剂,然后以0.1mol·L^{-1} NaOH为标准溶液滴定至粉红色(半分钟之内不褪色)为终点,记录滴定消耗NaOH体积V_2,平行测定三次,要求三次测定结果的相对平均偏差不超过±0.2%,否则应重做。

【数据记录与处理】

滴定编号 记录项目	1	2	3	4	5	6
NaOH溶液(mL)						
HCl溶液(mL)						
V(HCl)/V(NaOH)						
平均值V(HCl)/V(NaOH)						
体积比相对平均偏差(%)						

思考题

1. 滴定管在装溶液前为什么要用待取溶液润洗?用于滴定的锥形瓶是否也要润洗?容量瓶和移液管呢,为什么?

2. 为什么NaOH和HCl标准溶液一般都用间接法配制,而不用直接法配制?

3. 在重复滴定中,为什么要将标准溶液加至滴定管零刻度线或接近零刻度线的任一刻度,而且滴定体积要求在20~30mL?

4. 在比较滴定中,为什么用盐酸滴定氢氧化钠溶液时采用甲基橙为指示剂,而用氢氧化钠滴定盐酸溶液时却使用酚酞为指示剂?

5. 用NaOH溶液滴定HCl溶液时,用酚酞做指示剂,要求滴定至粉红色(半分钟之内不褪色)为终点。在终点时,酚酞为什么会褪色?

酸碱溶液的配制和比较滴定

实验六　食醋中醋酸含量的测定

【实验目的】

1. 掌握 NaOH 标准溶液的配制、标定及保存要点。

2. 掌握强碱滴定弱酸的滴定过程、突跃范围及指示剂的选择原理。

【实验原理】

有机酸大多是固体弱酸，如果它易溶于水，且溶液无色，同时也符合弱酸的滴定条件，则可以在水溶液中用标准碱来直接滴定，反应产物为强碱弱酸盐。本实验以白醋为例，介绍测定有机酸总酸度的方法。白醋中酸的主要成分是醋酸，此外还含有少量其他弱酸，呈弱酸性。醋酸是一种有机弱酸，其离解常数 $K_a=1.76\times10^{-5}$，可用标准碱溶液直接滴定，化学反应式如下：

$$HAc+NaOH=\!=\!=NaAc+H_2O$$

化学计量点时反应产物是 NaAc，是一种强碱弱酸盐，其溶液 pH 在 8.7 左右，酚酞的颜色变化范围是 8.2～10.0，滴定终点时溶液的 pH 正处于其中，因此采用酚酞作指示剂，而不用甲基橙和甲基红。

食用醋中的主要成分是醋酸（乙酸），同时也含有少量其他弱酸，如乳酸等。凡是 K_a 大于 10^{-8} 的一元弱酸，均可被强碱准确滴定。因此在本实验中用 NaOH 滴定食用醋，测出的是总酸量，测定结果常用 g·L^{-1} 表示：

$$\rho(HAc)=\frac{c(NaOH)V(NaOH)M(HAc)}{V(HAc)}\times 稀释倍数$$

【仪器和试剂】

仪器：碱式滴定管（50mL）、吸量管、移液管、洗耳球、烧杯、容量瓶（250mL）、锥形瓶（250mL）。

试剂：NaOH 溶液（2.5mol·L^{-1}）、酚酞指示剂（0.2%）、HCl 溶液（已标定 2.5mol·L^{-1}）、食醋。

【实验内容】

1. NaOH 溶液的标定

(1)准确移取标准浓度的 HCl 10.00mL 于 250mL 的容量瓶中,稀释,定容,摇匀。再用 25mL 的移液管移取刚配好的 HCl 溶液于 250mL 的锥形瓶中,滴加 1～2 滴酚酞。

(2)准确移取 2.5mol·L^{-1} NaOH 溶液 10.00mL 于 250mL 的容量瓶中,稀释,定容,摇匀。

用待标定的 NaOH 溶液分别滴定盐酸至无色变为微红色,并保持半分钟内不褪色即为准,平行滴定两次。

(3)记录滴定前后滴定管中 NaOH 溶液的体积,计算 NaOH 溶液的浓度和各次标定结果的相对偏差。

2. 食醋中醋酸含量的测定

(1)用 25.00mL 移液管吸取食用醋试液一份,置于 250mL 容量瓶中,用新煮沸的蒸馏水稀释至刻度,摇匀。

(2)用移液管吸取 25.00mL 稀释后的试液,置于 250mL 锥形瓶中,加入 0.2% 酚酞指示剂 1～2 滴。用 NaOH 标准溶液滴定,直到加入半滴 NaOH 标准溶液使试液呈现微红色,并保持半分钟内不褪色即为终点。

(3)重复操作,测定另两份试样,记录滴定前后滴定管中 NaOH 溶液的体积,测定结果的相对平均偏差应小于 0.2%。

(4)根据测定结果计算试样中醋酸的含量,以 g·L^{-1} 表示。

【注意事项】

1. 食用醋中约含 3%～5%的醋酸,可适当稀释后再进行滴定。白醋可以直接滴定,一般的食醋由于颜色较深,可用中性活性炭脱色后再进行滴定。

2. 酚酞指示剂由无色变为微红时,溶液的 pH 约为 8.7。变红的溶液在空气中放置后,因吸收了空气中的 CO_2,又变为无色。

思考题

1. 如果 NaOH 标准溶液吸收了空气中的 CO_2,对总酸度的测定有何影响?

2. 为什么实验中所用的蒸馏水必须是新煮沸的冷却蒸馏水?

食醋中醋酸含量的测定

实验七　铁的比色测定(分光光度法)

【实验目的】

1. 学习分光光度法测定铁的原理及方法。
2. 了解并学会分光光度计的使用。
3. 掌握校准曲线的绘制及应用。

【实验原理】

邻二氮菲(也称邻菲罗啉或 1,10 -邻菲罗啉),是测定微量铁的高灵敏性、高选择性试剂。邻二氮菲光度法是化工产品中微量铁的测定的通用方法。在 pH2.0～9.0 的溶液中,邻二氮菲和 Fe^{2+} 生成稳定的橘红色配合物,$\lg K_{稳}=21.3$(20℃),其溶液在 510nm 波长处有最大吸收峰,摩尔吸收系数 $\varepsilon_{510}=1.1\times10^{4}\ L\cdot mol^{-1}\cdot cm^{-1}$。

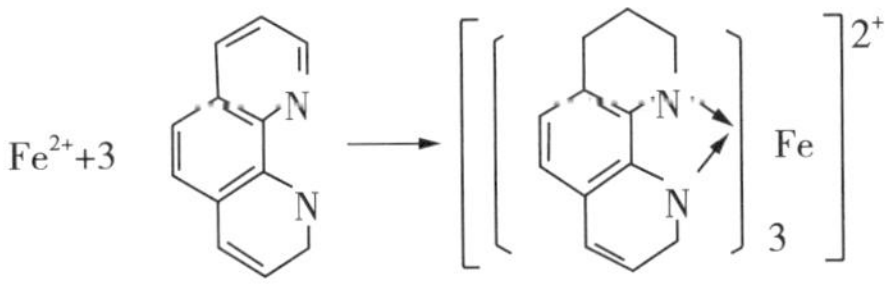

邻二氮菲与 Fe^{3+} 也生成 3∶1 的配合物,呈淡蓝色。$\lg K_{稳}=14.1$,因此在显色之前需用盐酸羟胺(或抗坏血酸)将全部的 Fe^{3+} 还原为 Fe^{2+}:

$$2Fe^{3+}+2NH_2OH \xlongequal{} 2Fe^{2+}+N_2\uparrow+2H_2O+2H^+$$

邻二氮菲亚铁配合物浓度低于 $5.0mg\cdot L^{-1}$ 时,溶液的吸光度与浓度呈线性关系,根据吸收定律,可利用校准曲线法进行定量测定。

本方法的选择性很高,相当于含量 40 倍的 Sn^{2+},Ca^{2+},Mg^{2+},Zn^{2+},SiO_3^{2-},20 倍的 Cr^{3+},Zn^{2+},V(V),PO_4^{3-},5 倍的 Co^{2+},Cu^{2+} 等均不干扰测定。

【仪器和试剂】

仪器:分光光度计、1.0cm 比色皿、50mL 容量瓶、100mL 容量瓶、5mL 吸量管、10mL吸量管。

试剂:铁标准溶液(100μg·mL^{-1})、邻二氮菲水溶液(新鲜配制,0.12%)、盐酸羟胺水溶液(新鲜配制,10%)、HAc-NaAc缓冲溶液(pH=4.5)、铁待测试液。

【实验内容】

1. 10μg·mL^{-1}铁标准溶液的配制

准确吸取100μg·mL^{-1}铁标准溶液10.00mL试液于100mL容量瓶中,用蒸馏水稀释至刻度,摇匀。

2. 铁标准曲线的绘制

取6个50mL容量瓶,用吸量管分别吸取10.0μg·mL^{-1}铁标准溶液0.00,1.00,2.00,3.00,4.00和5.00mL置入各容量瓶中,各加10%盐酸羟胺1mL,摇匀,放置2min。再各加HAc-NaAc缓冲溶液5mL,0.12%邻二氮菲溶液2mL,用蒸馏水稀释至刻度,摇匀。以试剂空白为参比,用1cm比色皿,在510nm波长下测吸光度。以铁的浓度为横坐标,相应的吸光度为纵坐标,绘制标准曲线。

3. 试液中铁含量的测定

准确吸取10.00mL铁待测试液置入50mL容量瓶中,按照上述绘制标准曲线相同的操作方法对试液进行显色,并测定其吸光度。根据吸光度从标准曲线上查出试液中对应的铁含量,并计算原溶液中的铁的含量,以μg·mL^{-1}表示。

【数据记录与处理】

1. 绘制标准曲线。
2. 计算出原溶液中的铁的含量(μg·mL^{-1})。

溶液	标准溶液(mL)						待测溶液
	0.00	1.00	2.00	3.00	4.00	5.00	
吸光度 A							
浓度(μg·mL^{-1})							

思考题

1. 用邻二氮菲测定铁时,为什么在测定前要加入盐酸羟胺?
2. 邻二氮菲分光光度法测定铁的适宜条件是什么?
3. 在显色操作过程中能否将试剂的加入次序颠倒?为什么?

【拓展阅读】

比色法测三价铁

1. 磺基水杨酸法

三价铁离子(Fe^{3+})与磺基水杨酸(5-磺基-2-羟基苯甲酸)能形成稳定的有色配合物,在 pH=9～11.5 的氨性溶液中,该配合物为黄色,且其浓度符合朗伯一比尔定律,最大吸收波长为 420nm,因此,可通过此法测定三价铁的含量。

2. 硫氰酸盐比色法

这是一种常用的食品中三价铁的测量方法,在酸性条件下,三价铁与硫氰酸钾反应生成血红色的硫氰酸铁配合物,溶液颜色深浅与三价铁离子浓度成正比,最大吸收波长在 485nm 处。

铁的比色测定

实验八　电导滴定法测盐酸的浓度

【实验目的】

1. 掌握电导滴定法测盐酸浓度的原理和方法。
2. 学习 DDSJ－308A 电导仪的使用方法。

【实验原理】

不同的物质具有不同的电导,溶液在进行化学反应过程中,会引起溶液电导的变化。因此,可以利用测定电导来判断化学反应的等当点(终点)。

在滴定分析中,利用被测溶液的电导的明显改变来指示滴定终点的方法称为电导滴定法。

现以 NaOH 溶液滴定 HCl 溶液为例,说明电导滴定的基本原理。

在滴定开始前,由于溶液中 H^+ 浓度较大,并且 H^+ 具有很高的摩尔电导率($\lambda^0_{H^+}=349.82S \cdot m^2 \cdot mol^{-1}$)因此溶液具有很高的电导。

在滴定开始至等当点前,其化学反应为:

$$NaOH + HCl \xlongequal{} H_2O + Na^+ + Cl^-$$

由于具有很高摩尔电导的 H^+ 与 OH^- 生成难电离的水,H^+ 浓度逐渐减小,而 Cl^- 浓度几乎保持不变(忽略稀释效应),Na^+ 浓度虽然逐渐增大,但是由于 Cl^- 和 Na^+ 的摩尔电导率均较小($\lambda^0_{Na^+}=50.11$;$\lambda^0_{Cl^-}=76.35$),故滴定过程中溶液的总电导是逐渐减小的。

在等当点时,H^+ 浓度已很小($[H^+]\approx 1\times 10^{-7} mol \cdot L^{-1}$)原先溶液中的 H^+ 已被 Na^+ 所代替,Na^+ 浓度虽然增大,但其 $\lambda^0_{Na^+}$ 很小,故等当点时,溶液的总电导值最小。

在等当点以后,随着 NaOH 溶液的不断加入,OH^- 和 Na^+ 浓度增大,而 OH^- 又具有较高的电导率($\lambda^0_{OH^-}=128.6$)。因此,随着 Na^+ 和 OH^- 浓度的增加,溶液的总电导值又重新增高。

以溶液的电导为纵坐标,消耗的 NaOH 溶液体积 V(mL)为横坐标作图,可以得到斜率不同的两条直线，两直线的交点的横坐标 V(mL)的读数，即为滴定终点。

根据滴定所消耗 NaOH 标准溶液的体积与浓度，就可以利用公式求出被测 HCl 溶液的浓度。

本法测定 HCl 溶液的浓度范围为 $10^{-1}\sim10^{-5}$ mol·L^{-1}（CO_2 不存在条件下）。电导滴定法也可用于中和反应沉淀的滴定分析法的终点测定。

【仪器和试剂】

仪器：DDSJ－308A 型电导仪、碱式滴定管（50mL）、三角烧瓶（250mL）两只、烧杯（150mL）。

试剂：NaOH 标准溶液（2.5mol·L^{-1}）、HCl（$c\approx0.25$mol·L^{-1}）、酚酞。

【实验操作】

1. 移取 NaOH 标准溶液 10.00mL 于 250mL 容量瓶中定容；移取 HCl 待测液 10.00mL 于 250mL 容量瓶中定容。

2. 将稀释后的 NaOH 标液装入碱式滴定管中；移取稀释后的 HCl 待测液 50.00mL 于干净的小烧杯中。

3. 调节 DDSJ－308A 型电导率仪。

4. 将电导电极插入盛有 HCl 的小烧杯中，测其电导率 G_0。

5. 以 1.00mL 为间隔，自碱式滴定管中依次向小烧杯中加入 1.00，2.00，3.00，4.00，5.00，6.00，7.00，8.00，9.00，10.00，11.00，12.00mLNaOH 标液，依次测其电导率数值：G_1，G_2，G_3，G_4，G_5，G_6，G_7，G_8，G_9，G_{10}，G_{11}，G_{12}。

6. 以 V(NaOH)—G 在坐标纸上作图，求其折点，即为终点。

7. 由等量关系求算待测 HCl 浓度。

8. 以传统酸碱滴定法（NaOH 滴定 HCl，酚酞指示终点）测定 HCl 浓度，与电导滴定法结果相验证。

【仪器操作】

1. 开机；

2. 将测量溶液电导率设为仪器的工作模式；

3. 设定电极常数（先设定 1，后微调），本实验室现有电导电极均为 1；

4. 将电极插入待测溶液中，测得溶液电导率。

附：DDSJ－308A 结构

(1)仪器外形、电极安装方法如图 2－8－1 所示。

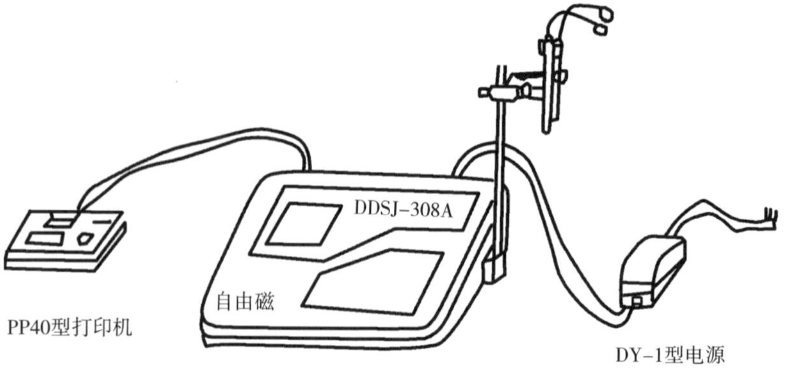

图 2-8-1 仪器外形及电极安装

(2)如图 2-8-2 所示为仪器后面板,从左至右为电源插座、测量电极插座、温度传感器插座、接地线接线柱、PP40 打印机插头。

图 2-8-2 仪器后面板接口示意图

注意:若将温度探头拔出,仪器则认为温度为 25℃,此时仪器所显示的电导率值未经正确温度补偿,仅具有相对意义;若出现温度显示数值不断变动,导致测量数值无法稳定,可将温度补偿系数调节至 0,可使滴定顺利完成。

(3)仪器面板上有多个功能键,有确认键、∧键、∨键、贮存键、标定键、打印键、取消键、删除键等。

思考题

强碱 NaOH 滴定弱酸 HAc 时,溶液的总电导值如何变化?绘出电导滴定曲线的示意图。

电导滴定法测盐酸的浓度

实验九　氢氧化镍溶度积的测定

【实验目的】

1. 学会用 pH 滴定法测定氢氧化镍的溶度积。
2. 了解酸度计的结构和基本原理，掌握 pHS－3C 型酸度计的使用方法。

【实验原理】

难溶盐的测定可分为观察法和分析法。观察法准确度不高，误差较大。分析法是采用分析化学的方法直接或间接测定难溶盐饱和溶液中各组分离子的浓度，再计算难溶盐的方法。常用的方法有分光光度法、电导法、pH 滴定法等。

本实验是用 pH 滴定法测定 $Ni(OH)_2$ 饱和溶液中 Ni^{2+} 的浓度和溶液 pH，从而计算 $Ni(OH)_2$ 的溶度积。

$Ni(OH)_2$ 溶度积可用下式表示：

$$\alpha_{Ni^{2+}} \times \alpha_{OH^-}^2 = K_{sp} \tag{1}$$

$$\alpha_{H^+} \times \alpha_{OH^-} = K_w$$

$$\alpha_{Ni^{2+}} \times \left(\frac{K_w}{\alpha_{H^+}}\right)^2 = K_{sp}$$

取对数

$$\lg\alpha_{Ni^{2+}} + 2\lg\left(\frac{K_w}{\alpha_{H^+}}\right) = \lg K_{sp}$$

$$pH = 0.5\lg K_{sp} - 0.5\lg\alpha_{Ni^{2+}} - \lg K_w \tag{2}$$

式中：pH——实验时需测定值；

K_w——水的溶度积，10^{-14}；

$\alpha_{Ni^{2+}}$——镍离子的活度。

用 NaOH 溶液滴定 $NiSO_4$ 稀溶液时，在 $Ni(OH)_2$ 沉淀前，碱只被中和溶液的 H^+ 所消耗，溶液的 pH 增加很快；当 $Ni(OH)_2$ 开始沉淀时，加入的 NaOH 与 Ni^{2+} 结合生成难溶的 $Ni(OH)_2$，溶液的 pH 基本保持不变，直到金属离子沉淀接近完全，继续滴加碱所示的 pH 又很快上升。以 pH 对滴定消耗的 NaOH 的体积作图，得到如图2-9-1所示的曲线。滴定曲线的水平台阶所对应的pH即为形成$Ni(OH)_2$时的pH。开始沉淀时$NiSO_4$的浓度应该以$Ni(OH)_2$析出到沉淀结束所消耗的NaOH的体积计算,即pH-V_{NaOH}图中平台段NaOH的体积,这样可按(2)式计算$Ni(OH)_2$的溶度积。

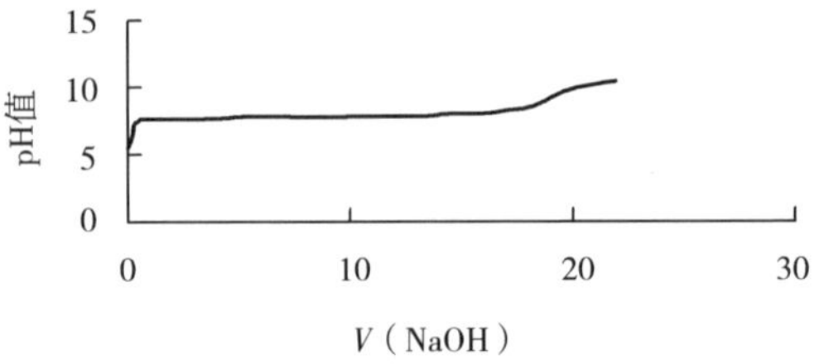

图2-9-1 pH滴定曲线

【仪器和试剂】

仪器:pHS-3C型酸度计、磁力搅拌器、碱式滴定管。

试剂:$NiSO_4$溶液(1.0mol·L^{-1})、NaOH标准溶液(1.0mol·L^{-1}左右)、酚酞。

【实验内容】

1. NaOH标准溶液的配制

用移液管准确移取1.0mol·L^{-1}的NaOH标准溶液10.00mL于100mL容量瓶中,稀释定容。

2. 酸度计的校正

按照基础仪器中的酸度计部分介绍的方法调节和校正酸度计。

3. pH的测量

移取1.00mL $NiSO_4$溶液置于100mL的容量瓶中,稀释至刻度,倒入烧杯,将复合电极插入$NiSO_4$溶液中,在磁力搅拌下,从碱式滴定管中滴入0.1mol·L^{-1} NaOH标准溶液。开始时,每次滴两滴,滴定时间间隔1~2min,记录溶液的pH,待溶液的pH值基本不变时,改为每次滴1mL,继续滴加NaOH溶液,记录溶液的pH,直至pH10左右停止滴定。

【数据记录与处理】

1. 数据记录

NaOH标准溶液的浓度______________

滴入NaOH的体积(mL)									
pH值									

2. 数据处理

作 pH - V_{NaOH}图，确定形成 $Ni(OH)_2$ 沉淀时溶液的 pH 和 $NiSO_4$ 的浓度，代入(2)式计算 $Ni(OH)_2$ 的 K_{sp}。

思考题

1. 以 $NiSO_4$ 的浓度代替 $\alpha_{Ni^{2+}}$ 计算 K_{sp}对结果有何影响？
2. 如何计算开始形成 $Ni(OH)_2$ 沉淀时溶液中 Ni^{2+} 的浓度？
3. 试述用酸度计测定溶液中的 pH 的操作时应注意的问题。

实验十　水中氯离子的测定

【实验目的】

1. 掌握离子选择电极法测定溶液中氯离子的原理和方法。
2. 掌握 PXSJ－216 型离子计的使用方法。

【实验原理】

氯离子选择电极和参比电极(SCE)与试液组成原电池：

$$Hg,Hg_2Cl_2 \mid KCl(饱和) \parallel KNO_3 \parallel Cl^- 试液 \mid AgCl-Ag_2S$$

平衡时所产生的电极电位与溶液中氯离子浓度服从能斯特方程：

$$E=K-\frac{2.303RT}{nF}\lg a_{Cl^-}$$

为减小由于离子强度不同而造成的误差，实验采用标准加入法，测得：

$$E_X=K-S\lg c_X \tag{1}$$

$$E_S=K-S\lg\frac{c_XV_X+c_SV_S}{V_X+V_S} \tag{2}$$

其中斜率 $S=2.303RT/nF$，实验中应用两种不同浓度的标液进行校准，得到电极的实际斜率值；K 为常数，E_X，c_X，V_X分别为未知试样电位、浓度和体积；c_S，V_S分别为标液浓度和体积；E_S为加入标液后溶液的电位值。

由于加入标液体积与未知试样体积相比很小，对总体积来说可以忽略，不会影响总离子强度，两种溶液 $f=f'$(一般要求是标液体积比试液体积小约 100 倍，浓度大约 100 倍，加入标液后测得电位变化 20～30mV)。

(1)式与(2)式相减得

$$c_X=\frac{c_SV_S}{V_S+V_X}\left(10^{-\Delta E/S}-\frac{V_X}{V_X+V_S}\right)-1$$

因为 $V_X \gg V_S$，上式可简化为

$$c_X = c_S \frac{V_S}{V_X}(10 - \Delta E/S) - 1$$

（注：$\Delta E = E_S - E_X$）

在溶液中，NO_3^-，SO_4^{2-}，Fe^{2+}，Mn^{2+}，Ca^{2+}，Zn^{2+} 和 Al^{3+} 的存在对测定无影响。Cu^{2+} 对测定有干扰，可用柠檬酸进行掩蔽。Br^-，I^- 和 S^{2-} 能在电极表面形成比 AgCl 溶解度更小的难溶化合物，干扰较严重，必须先分离。溶液 pH 值太高，也会影响电极电位，应控制。

【仪器和试剂】

仪器：PXSJ－216 型离子分析仪一台（附有一台电磁搅拌器）、810 或 232 型双盐桥甘汞电极一支（外盐桥充满 0.1mol·L^{-1} 的 $NaNO_3$ 或 KNO_3 溶液）、氯离子选择电极一支、小烧杯三只，0.5mL 和 25mL 移液管各一支。

试剂：氯标准溶液（100mmol·L^{-1}、10mmol·L^{-1}、1mmol·L^{-1}）、氯未知液。

【测定步骤】

1. 氯离子选择电极的处理：使用前浸在 1mmol·L^{-1} 氯标准溶液中活化 1h。

2. 仪器调零。

3. 将 10mmol·L^{-1}，1mmol·L^{-1} 氯标液分别倒入小烧杯中；另取 25.00mL 待测氯液于小烧杯中，三烧杯备用。

(4)接通离子分析仪电源，操作如下：

(1)按“ON/OFF”键，开机；

(2)按“Px/9”键，进入 Px 测量的起始状态；

(3)按“取消”键，电极插口选择；

(4)按“▲/0”或“▼/.”键，选择电极插口一；

(5)按“确认”键，回到原先起始状态；

(6)按“模式/4”键，再按“▲/0”或“▼/.”键，选择“已知添加”，按“确认”键；

(7)选择“mmol·L^{-1}”，按“确认”键；

(8)再按“确认”键，进行斜率校准；

(9)按“▲/0”或“▼/.”键，选择“二点校准”；

(10)按“确认”键，仪器显示“电极插入标液一”；

(11)电极清洗干净后放入标液一中，稍后，输入“1”；

(12)按“确认”键，仪器显示标液一的电位和温度值；

(13)等显示稳定后，按“确认”键，仪器显示“电极插入标液二”；

(14)将电极从标液一中取出，清洗干净，放入标液二中；

(15)输入“10”后,按“确认”键,仪器显示标液二的电位和温度值;

(16)等显示稳定后,按“确认”键,仪器显示出校准好的电极斜率;

(17)按“确认”键后,再按“取消”键;

(18)输入添加标液的体积值“0.25”,按“确认”键;

(19) 输入试样液的体积值“25”,按“确认”键;

(20)输入标液的浓度值“100”,按“确认”键;

(21)将电极清洗干净,放入被测试样液中,仪器显示当前的电位和温度值;

(22)等显示稳定后,按“确认”键,仪器显示“添加标液”;

(23)用0.5mL的移液管移取0.25mL 100mmol·L^{-1}的标液于待测液中;

(24)等显示再次稳定后,按“确认”键,仪器计算出待测试样的浓度值;

(25)测量结束,按“ON/OFF”键,关机;

(26)将电极清洗干净,浸泡在蒸馏水中。

思考题

1. 应用标准加入法分析测定试样中的氯要注意哪些问题?
2. 本实验为什么要进行斜率校准?其校准原理是什么?

注释:直读浓度法

(1)按“ON/OFF”键,开机;

(2)按“Px/9”键,进入Px测量的起始状态;

(3)按“取消”键,电极插口选择;

(4)按“▲/0”或“▼/.”键,选择电极插口一;

(5)按“确认”键,回到原先起始状态;

(6)按“模式/4”键,再按“▲/0”或“▼/.”键,选择“直读浓度”,按“确认”键;

(7)选择“mmol·L^{-1}”,按“确认”键;

(8)再按“确认”键,进行斜率校准;

(9)按“▲/0”或“▼/.”键,选择“二点校准”;

(10)按“确认”键,仪器显示“电极插入标液一”;

(11)电极清洗干净后放入标液一中,稍后,输入“1”;

(12)按“确认”键,仪器显示标液一的电位和温度值;

(13)等显示稳定后,按“确认”键,仪器显示“电极插入标液二”;

(14)将电极从标液一中取出,清洗干净,放入标液二中;

(15)输入“10”后,按“确认”键,仪器显示标液二的电位和温度值;

(16)等显示稳定后,按“确认”键,仪器显示出校准好的电极斜率;

(17)按“确认”键后,再按“取消”键;

(18)将电极清洗干净,放入被测试样液中,仪器显示当前的电位和温度值;

(19)等显示稳定后,按“确认”键,仪器即计算出待测试样的浓度值;

(20)测量结束,按“ON/OFF”键,关机;

(21)将电极清洗干净,浸泡在蒸馏水中。

实验十一　物质旋光度和折光率的测定

【实验目的】

1. 了解旋光仪的构造及使用方法。
2. 掌握有机化合物旋光度的测定原理及方法。
3. 掌握有机化合物折光率测定的原理。
4. 了解阿贝折光仪的基本结构并掌握测定折光率的方法。

【实验原理】

1. 旋光度

旋光活性物质使偏振光振动平面偏转的角度称为旋光度。物质的旋光度除与物质的本性有关外,还与溶液的浓度、溶剂、温度、旋光管长度及所用的光源波长等因素有关。因此,需要测得一定条件下的旋光度作为基准,并称之为比旋光度或分子旋光度。旋光度和比旋光度的关系表示如下:

纯液体的比旋光度:　$[\alpha]_\lambda^T=\frac{\alpha}{l\cdot\rho}$

溶液的比旋光度:　$[\alpha]_\lambda^T=\frac{\alpha}{l\cdot c}$

式中:$[\alpha]_\lambda^T$——旋光性物质在温度为 T℃、光源的波长为λ时的比旋光度;

T——测定时的温度;

λ——光源的波长;

α——旋光仪测得的旋光度;

l——旋光管的长度(dm);

c——溶液的浓度($g\cdot mL^{-1}$);

ρ——密度($g\cdot mL^{-1}$)。

比旋光度是旋光性物质特性常数之一,对于某一旋光物质,比旋光度是一个定值。因此可以通过测定旋光度来检定旋光性物质的纯度和含量。测定旋光度的仪器叫旋光仪,其结构、原理及使用方法如下所述。

旋光仪的种类和型号很多，但其基本原理是相同的。实验室常用的 WXG－4 型旋光仪结构如图 3－11－1 所示。

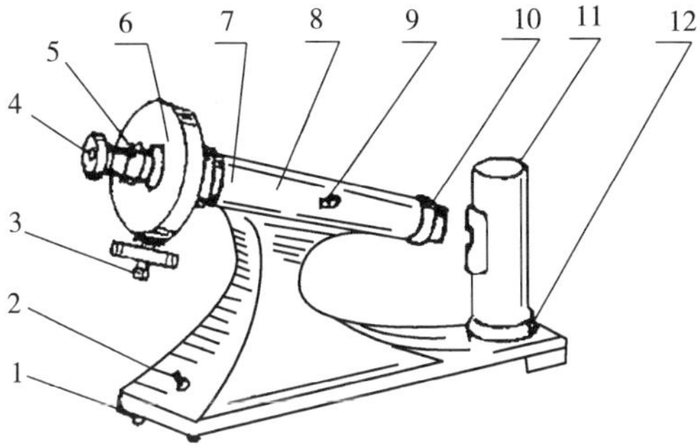

图 3－11－1　WXG－4 型旋光仪示意图

1—底座；2—电源开关；3—度盘转动手轮；4—放大镜座；5—视度调节螺旋；6—度盘游表；7—镜筒；8—镜筒盖；9—镜盖手柄；10—镜盖连接筒；11—灯罩；12—灯座

2．旋光仪使用方法

(1)预热

接通电源，预热 3～5min 使钠灯发光稳定[1]。

(2)零点的校正

用纯水洗涤旋光管数次，然后装满纯水，使液面刚刚突出管口，取玻璃盖轻轻平推盖好，保证管中无气泡[2]，然后旋上螺丝帽盖使其不漏液(但也不能过紧，否则因盖子产生扭力使管内有空隙，影响旋光度)。擦干旋光管外的液体将其放入旋光仪。将度盘转动至零刻度附近，左右微调手轮，在视场中可找出两种不同影式(如图 3－11－2a 和 c 所示)，在 a 和 c 之间转动手轮，使视场亮度达到一致[3]，即零点视场(图 3－11－2b 所示)，记下读数盘读数[4]，重复 3 次，取平均值，即为零点校正值，测定样品时应加上或减去该数值。

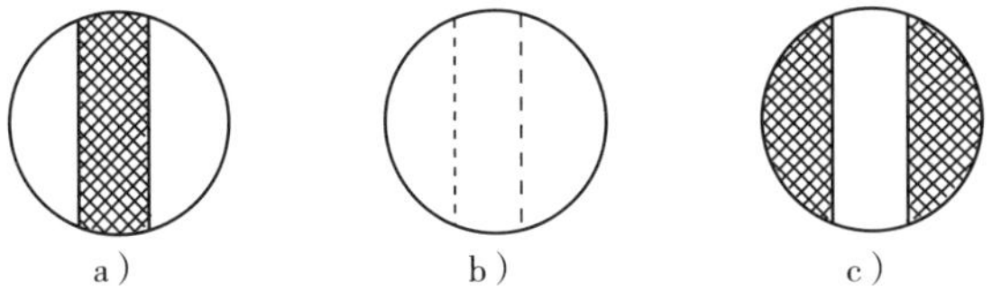

图 3－11－2　旋光仪中的三个视场

(3)样品的测定

用待测液冲洗旋光管 2～3 次，然后加满待测液，找出零点视场，记下读数，重复3次,取平均值,此值与零点校正值的差值即为该样品的旋光度[5]。记下该旋光管的长度 l、测定时的温度 T,然后按公式计算其比旋光度$[\alpha]_\lambda^T$。

实验结束后,切断电源,用纯水冲洗旋光管,用软布揩干[6]。

3. 折光率

当光从一种介质入射到另一种介质时,光的传播方向会发生改变,这种现象称作光的折射。光从介质A入射到介质B时,入射光与A、B两者界面垂直线之间的夹角 α 称为入射角,在介质B中的折射光路与界面垂直线之间的夹角 β 称为折射角。根据光的折射定律,入射角与折射角之间的正弦值之比为介质B对介质A的相对折光率(n),即 $n=\sin\alpha/\sin\beta$,见图3-11-3所示。

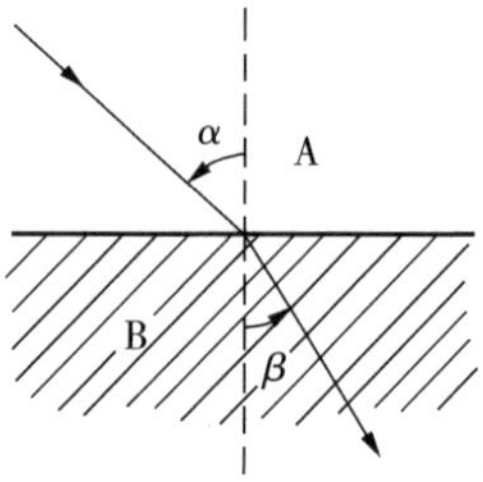

图3-11-3 光在不同介质中的折射示意图

折光率是有机化合物重要的物理特性之一,固体、液体和气体均有折光率。在有机化学领域,液体的折光率应用十分广泛,它常用来判别物质纯度和对液体未知物的辅助定性鉴定。

一般地,物质折光率随入射光的波长不同而不同,并受测定环境中温度的影响很大,通常温度每上升1℃,物质折光率约减小 $3.5\times10^{-4}\sim5.5\times10^{-4}$。因此,在测光率测定时必须注明入射光源的波长及测定时环境温度,若光源为钠光灯(D),T 为环境温度,则此时测定的某物质折光率可记为 n_D^T。

4. 折光仪的构造及使用方法

阿贝折光仪的外形结构如图3-11-4所示。仪器主要部分为两个直角棱镜5和6,两个棱镜间留有空隙,其中可以铺展待测液体。光线从反射镜射入棱镜6后,在A、D面上发生漫反射(此面为磨砂面)。漫反射产生的光线透过镜间空隙的液层从各个方向进入折射镜2中而发生折射,其折射角都落在临界角 β_0 之内。具有临界角 β_0 的光射出折射镜2,经阿密西棱镜3消除色散,再经聚光镜4聚焦,射于目镜5上,此时目镜中应出现半明半暗的图像。使用方法如下:

(1)仪器准备

① 将折光仪安装在光线明亮的桌子上(注意避免阳光直射),并将其与恒温水浴相连,选择量程合适的温度计并将其安装在温度计座上,调节至所需温度(通常为20.0℃或25.0℃),恒温[7]。

② 旋松棱镜锁紧扳手,打开直角棱镜组,用擦镜纸蘸少量乙醚或丙酮沿同一方向轻轻擦洗上下棱镜表面[8],风干后待用。

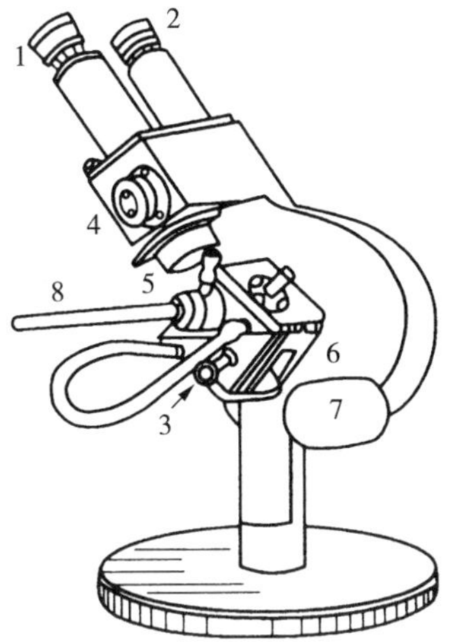

图 3-11-4　阿贝折光仪

1—目镜;2—放大镜;3—恒温水接头;4—消色补偿器;5,6—棱镜;7—反射镜;8—温度计

(2)仪器校正

新仪器和长时间放置不用的仪器,使用前要进行校正。校正方法有以下两种。

① 用纯水校正　打开直角棱镜组,取 2～3 滴纯水均匀地滴在棱镜光亮面上,立即闭合锁紧。调节反光镜使目镜中视场明亮,调节棱镜转动手轮使刻度盘读数与纯水一致。再转动右侧消色散手轮(阿米西棱镜),消除色散,观察明暗分界线与“十”字线交点是否重合,若有偏差,用调节扳手调节[9]。

② 用标准折光晶片校正　打开直角棱镜组,将标准折光晶片用 1 滴溴化萘粘贴在棱镜的光面上,调节棱镜转动手轮使刻度盘读数与标准折光晶片上所刻数值一致。观察明暗分界线与“十”字线交点是否重合,若有偏差,用调节扳手调节。

(3)样品测定

① 打开直角棱镜组,将镜面擦净晾干。取待测液 2～3 滴均匀地滴加在棱镜光亮面上,立即闭合锁紧[10]。

② 调节反光镜使目镜中视场明亮。

③ 调节棱镜转动手轮,在镜筒内找到明暗分界线。若出现色散,转动消色散手轮,消除色散,使明暗分界线清晰。再调节棱镜转动手轮使镜筒内的明暗分界线与“十”字线交点重合。重复 2～3 次,取平均值。记录数据及测定温度。

④ 实验完毕,用乙醚或丙酮将棱镜擦净,卸下温度计,脱离水浴,将仪器表面擦净,晾干后保存。

【仪器和试剂】

仪器:WZX-1光学圆盘旋光仪、阿贝折光仪、超级恒温水浴器。

试剂:蒸馏水、10%葡萄糖、未知浓度的葡萄糖、重蒸馏水、丙酮、待测液。

【实验内容】

1. 旋光度

(1)准备工作

① 先把欲测溶液配好,并加以稳定和沉淀;

② 把欲测溶液放入试管待测。装液时要使待装液液面凸出管口,将玻璃盖沿管口边缘轻轻平推盖好,不能带入气泡(或略有气泡)。但应注意试管两端螺旋不能旋得太紧(一般以随手旋紧不漏水为止),以免护玻片产生应力而引起视场亮度变化,影响测定准确度,并用擦镜纸将两端残液揩净。

(2)测定工作

① 预热:开始测量前,必须将电源开关推到"开"的位置,预热5~10min,直至钠光灯充分受热。

② 旋光仪零点的校正:在测定样品前,必须先校正旋光仪的零点。先将已装好蒸馏水的样品管擦干(如有气泡应使气泡在样品管的凸出部位),放入旋光仪内,盖上盖子,将标尺盘调到零点左右,旋转粗动手轮和微动手轮,使视场三部分的明暗相同,记下读数。重复操作至少3次,取平均值,即为零点。若零点相差太大,应重新校正(或记录误差值)。

旋光仪采用光学游标跳线对准的读数装置,并用对称读数,以消除度盘偏心差。度盘每小格为1°,游标分20格,等于度盘19格,用游标直接读数到0.05°(如图3-11-5所示)。度盘和检偏镜固为一体,借助手轮的转动调节视场亮度。游标窗前方装有两块4倍的放大镜,供读数时用,图3-11-5读数为:$9°+0.05°\times 6=9.30°$。

(3)光学活性溶液旋光度的测定

① 取已准确配制的已知浓度葡萄糖溶液按上述方法测定其旋光度(测定前须用蒸馏水洗净旋光管,并用所测溶液少量洗涤几次),这时所得的读数与零点之间的差值即为该物质的旋光度。记下旋光管的长度及溶液的浓度,然后按公式计算其比旋光度。

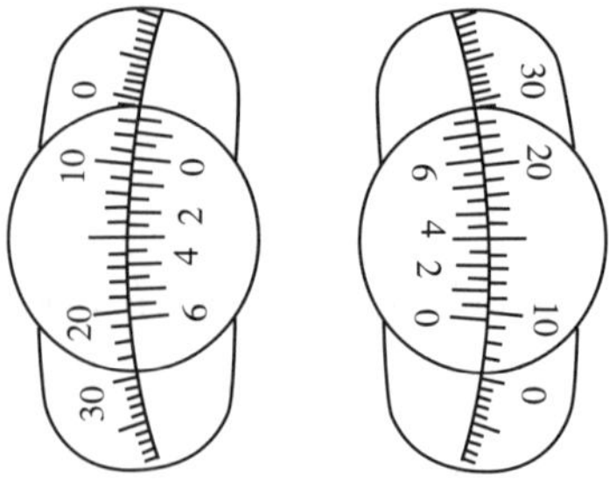

图3-11-5 游标尺读数示意图

② 取一未知浓度的葡萄糖溶液，用上述方法测定其旋光度，然后计算其浓度。

2. 折光率

(1)仪器准备

① 将折光仪放在光线充足但阳光不能直射的实验台上，装好温度计，与恒温水浴器连通，调节好所需的测定温度后，开启恒温水浴器工作电源，使折光仪处于稳定工作环境温度后方可进行相关测定工作。本实验也可在室温条件下进行折光率的测定，测定值应根据环境温度与标准值之间进行相应换算。

② 打开两棱镜，先用擦镜纸沾少量乙醚或丙酮，顺同一方向轻轻擦洗上下两棱镜镜面，晾干后待用。

(2)仪器的校正

打开棱镜，将3滴重蒸馏水均匀分散在下面的棱镜上，立即合紧两棱镜，通过初步调节在视场内找到明暗两界面，再转动消色旋钮消色完全，然后将明暗界面清晰的分界线调至恰好通过"十"字交叉线交点处，停止调节。在特定温度下，读取刻度盘上的读数值是否与重蒸馏水的折光率值一致，如果存在偏差，应记录相应的误差值，或在教师指导下进行仪器调节。

(3)未知液的折光率测定

① 在测定前应用擦镜纸将镜面擦净，晾干。

② 取3～4滴待测液均匀滴加在镜面上，关闭棱镜，注意待测液应充满视场。

③ 调节棱镜手轮，至视场内有明暗界面出现，若存在色散光带，应调节消色旋钮充分消色，尽可能地使明暗界面分界线清晰，继续调节棱镜手轮，使分界线恰好通过"十"字线交点处，停止调节并正确读取读数，经过数据处理获得待测物的某一温度下的折光率值。

④ 测试完毕，应及时用乙醚或丙酮擦洗两棱镜面，晾干后关闭棱镜，切断恒温水浴电源，整理好实验仪器。

思考题

1. 在测量前为什么要将旋光仪预热5～10min?

2. 在样品测定前为什么要对旋光仪的零点进行校正？符合何种条件的溶剂可用来作为校正液？

3. 什么叫旋光度？旋光度与哪些因素有关？旋光度和比旋光度有什么关系？

4. 阿贝折光仪在测定待测物折光率前应做好哪些准备工作？

注释：

[1] 钠光灯连续使用时间不宜过久(不超过4h)，在连续使用时，中间最好关灯15～20min，待钠光灯冷却后再用，以免影响其寿命。

[2] 纯水或待测液中有气泡或有悬浮物时会影响测定。如有气泡，可将旋光管带凸颈的一端向上倾斜至气泡全部进入凸颈中；如有悬浮物时，应过滤。

[3] 在旋光仪视场中，有一明亮且亮度一致的视场(它的特点是不灵敏)，这不是零点视场，不要与零点视场混淆。

[4] 读数方法：刻度盘分为360等份，并有固定的游标分为20等份。读数时先看游标的0落在刻度盘上的位置，记下整数值，再看它的刻度线与刻度盘上等刻度线相平行的点，记下游标上的读数作为小数点后面的数值。

[5] 对未知旋光度的化合物必须测定其旋光方向，这种方法称为两次测定法。对已知化合物则不必两次测定，只测一次即可。

[6] 旋光管使用后及时将溶液倒出，清洗干净并擦干后放入样品盒中。旋光管洗涤后不可置于烘箱内干燥，因玻璃与金属的膨胀系数不同，将会破裂，用后可晾干或用乙醚冲洗数次便干。此外，旋光管两端的圆玻片为光学玻璃，必须用软纸小心擦拭，以免磨损。

[7] 如折光仪不与恒温水浴进行恒温，要进行温度校正：温度增加10℃，液体有机化合物的折光率减少约4×10^{-4}。

[8] 擦洗棱镜时，要单向擦，不要来回擦，以免在镜面上造成痕迹。

[9] 不同温度下，纯水的折光率见表3-11-1。

表3-11-1 不同温度下纯水的折光率

温度(℃)	14	18	20	24	28	32
折光率 n	1.33348	1.33317	1.33299	1.33262	1.33219	1.33164

[10] 滴加液体时，滴管的末端切不可触及棱镜。若样品易挥发，则可在两棱镜接近闭合时从加液小槽中加入，然后闭合两棱镜。对于易挥发的液体，测定速度要快。

物质旋光度和折光率的测定

实验十二 用纸色谱法分离氨基酸

【实验目的】

1. 通过对氨基酸的分离,学习运用纸色谱法分离混合物的基本原理。
2. 掌握纸色谱的操作方法。

【实验原理】

纸色谱是在纸上将混合物进行分离的色谱方法,它分为分析型纸色谱和制备型纸色谱。多数情况下,纸色谱的原理属于分配色谱原理,色谱滤纸为支持剂,滤纸纤维可以吸附25%～30%的水分,其中6%～7%的水分同滤纸结构中的羟基以氢键结合,为固定相。另外一些含一定比例水的亲脂性较强的有机溶剂(通常称为展开剂)为流动相。展开时由于滤纸纤维的毛细管现象,流动相在滤纸上缓慢上升,溶于流动相中的各成分在滤纸上受到两种溶剂的影响,因此产生了不同的分配现象,从而达到分离的目的。

物质被分离后在纸色谱图谱上的位置用 R_f 值(比移值)来表示:

$$R_f=\frac{\text{起始线至斑点中心的距离}}{\text{起始线至溶液前沿线的距离}}$$

亲脂性稍强的成分在流动相中分配得多一些,随流动相移动的速度会快一些,其 R_f 值也就稍大一些;相反,亲水性成分在固定相中分配得多一些,随流动相移动的速度会稍慢一些,R_f 值稍也就小一些。

R_f 值随被分离化合物的结构、固定相与流动相的性质、温度以及滤纸的质量等因素而变化(纸色谱所用滤纸要求薄厚均匀,不含杂质)。当温度、滤纸等实验条件固定时,R_f 值就是一个特有的常数,因而可作为定性分析的依据。由于影响 R_f 值的因素较多,实验数据往往和文献记载不完全一样,因而一般采用在相同实验条件下与对照物质进行对比以确定其异同。

无色物质的纸色谱图谱可用光谱法(紫外光照射)或显色法鉴定;氨基酸纸色谱图谱常用茚三酮显色法鉴定。

纸色谱适用于极性较大的亲水性化合物或极性差别较小的化合物的分离，如糖类、氨基酸等。其优点是便于保存，对亲水性较强的化合物分离效果较好；其缺点是所费时间较长，一般需几小时甚至几十小时。

【仪器和试剂】

仪器：层析缸(7.5cm×15cm)、毛细管(内径为0.5mm)、层析纸(6cm×14cm)、喷雾器、直尺、铅笔、胶带、手套等。

试剂：0.6%甘氨酸水溶液、0.6%亮氨酸水溶液、0.6%茚三酮乙醇溶液、展开剂(50mL，正丁醇：乙酸：水=5：4：1)、未知液。

【实验内容】

1. 层析纸的准备

如图3-12-1所示，在活化[1]的一张6cm×14cm的层析纸条上，在离底边20mm处用铅笔[2]画一直线作为始线；在起始线上点上 *a*、*b*、*c* 三个点，各点之间的距离为10mm，*a*、*c* 两点离层析纸边为15mm；在距起始线70mm处画一直线作为溶剂前沿线[3]。

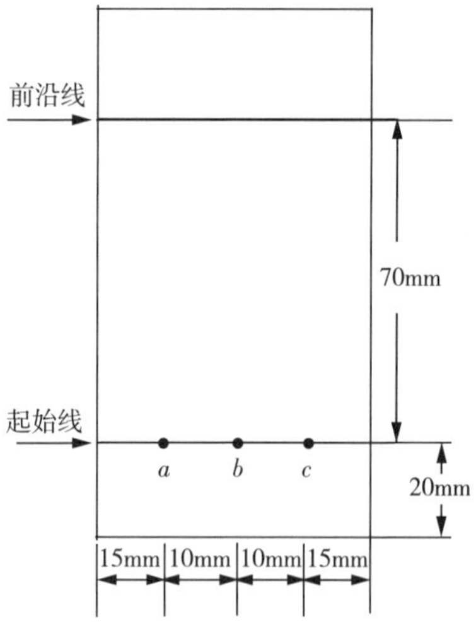

图3-12-1 层析纸的准备

2. 点样

取内径约0.5mm的毛细管三小段，分别插入试样溶液中，借毛细虹吸现象吸取溶液少许，在 *a* 点处点甘氨酸溶液，在 *b* 点处点未知液，在 *c* 点处点亮氨酸溶液，样点的直径约2～3mm。如果溶液太稀，第一次点样，吹干后，再点第二次、第三次，每次都要点在同一位置上。

3. 展开

如图3-12-2所示，将30mL展开剂(正丁醇：乙酸：水=5：4：1)倒入层析缸中，盖上盖子，饱和20min后[4]，再将点好样品的层析纸上端用回形针别住，把层析纸悬挂在层析缸盖的钩上，使层析纸的底边浸入展开剂5mm。展开剂到达前沿线后，展开完毕，取出层析纸，晾干或在红外灯下烘干。

4. 显色

将烘干的层析纸，用喷雾器喷洒显色剂(茚三酮溶液)，再到红外灯下烘到显色为止[5]。

5. 计算各氨基酸的 R_f 值

如图 3－12－3 所示，用笔画出斑点，找出斑点的中心，并量出起始线至斑点中心的垂直距离。根据公式计算各氨基酸的 R_f 值，并将纯样品和未知样品的 R_f 值进行对照，鉴定未知液[6]。

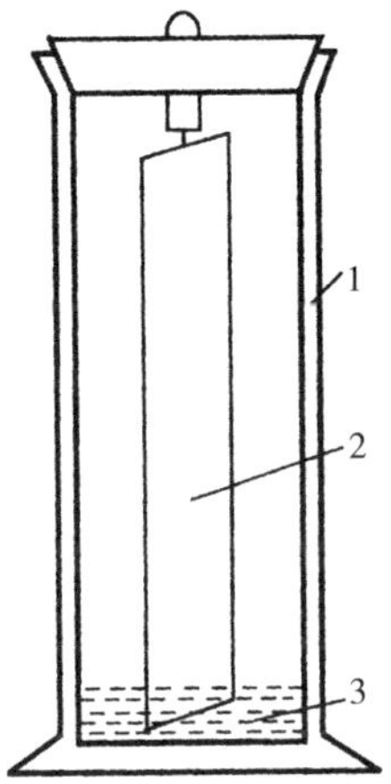

图 3－12－2　层析纸的操作

1—层析缸；2—层析纸；3—展开剂

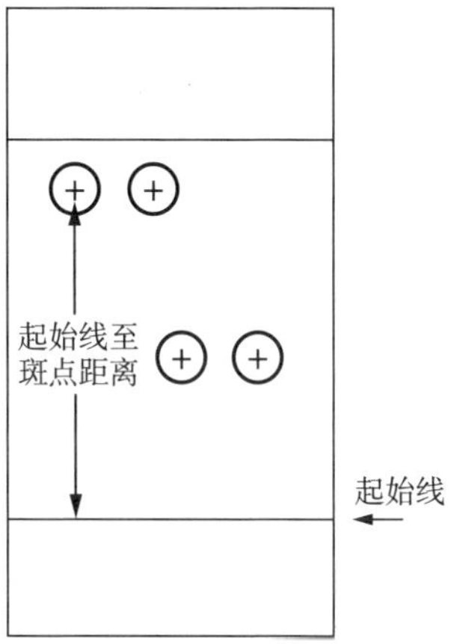

图 3－12－3　斑点

思考题

1. 展开剂的液面高出滤纸上的样点，将会产生什么后果？

2. 纸色谱为什么要在密闭的容器中进行？

3. 根据亮氨酸[$(CH_3)_2CH_2CH(NH_2)COOH$]与谷氨酸[$HOOCCH_2CH_2CH-(NH_2)COOH$]的结构式，判断何者的 R_f 值大？为什么？

4. 纸层析中影响 R_f 值的因素有哪些？

5. 简述薄层色谱的基本原理和主要应用。

注释：

[1] 层析纸使用前，应在烘箱中干燥，具体方法是在温度为 100℃ 下烘 1～2h，否则会产生拖尾现象。

[2] 画线时只能使用铅笔，不能使用其他的笔，因为其他笔的颜色为有机染料。在有机溶剂中，有机染料溶解后，其颜色对实验会产生干扰。

[3] 无论是画线还是点样，不能用手接触层析纸前沿线以下的任何的部位，因为手指上有相当量的氨基酸，足以在本实验中干扰实验。

[4] 纸层析必须在密闭容器中展开。加入展开剂后，再等 20min 左右，使标本缸内形成此溶液的饱和蒸气。

[5] 喷有显色剂的层析纸，在烘干时应注意温度的控制，温度太高，不但氨基酸会产生颜色，茚三酮也会产生颜色，出现干扰实验现象。

[6] 本实验中，同一张滤纸，相同的实验条件，R_f 值相同的可以定性为同一物质。

第二章　性质和验证性实验

实验十三　化学反应速率和化学平衡

【实验目的】

1. 了解化学反应速率与反应物浓度、温度、催化剂的关系。
2. 了解浓度和温度对化学平衡的影响。
3. 练习在水浴中保持恒温的操作方法。

【实验原理】

对均相反应，反应速率除取决于反应物的本性外，还与反应物的浓度、温度、催化剂有关。

基元反应的反应速率与各反应物浓度的方次乘积成正比，这一规律称为质量作用定律。该定律只适用于基元反应，对复杂反应仅适用于其中的任一基元反应，但不适用于总反应。

本实验用 KIO_3 与 Na_2SO_3 的氧化还原反应来说明浓度与温度对反应速率的影响。酸性介质中，总反应为：

$$5Na_2SO_3 + 2KIO_3 + H_2SO_4 = 5Na_2SO_4 + K_2SO_4 + I_2 + H_2O$$

KIO_3 与 Na_2SO_3 在适当酸度下，都可转化成相应的酸，在水溶液中的反应历程为：

$$HIO_3 + H_2SO_3 = HIO_2 + H_2SO_4 \quad (1)$$

$$HIO_2 + 2H_2SO_3 = HI + 2H_2SO_4 \quad (2)$$

$$5HI + HIO_3 = 3I_2 + 3H_2O \quad (3)$$

$$I_2 + H_2SO_3 + H_2O = H_2SO_4 + 2HI \quad (4)$$

反应速率大小为(4)>(3)>(2)>(1),因此只要溶液中有 H_2SO_3 存在,I_2 生成后立即与 H_2SO_3 作用而消失。只有当 H_2SO_3 耗尽后,I_2 才能出现,此时,若溶液中含有淀粉,就与之作用生成蓝色的化合物。所以淀粉是否变色可作为判断反应是否完成的标志。在 H_2SO_3 浓度固定时,出现蓝色所需时间越长,表示反应速率越慢。

温度对反应速率的影响,实质是温度升高,活化分子数增多,有效碰撞次数增多,从而反应速率常数增大,反应速率加快。

催化剂能使反应速率加快,是因为在化学反应中它能降低反应的活化能,活化分子数增多,反应速率加快。

当可逆反应达到平衡时,外界条件如浓度、压力等改变时,平衡将发生移动。勒夏特列原理可用来判断平衡移动的方向。

【仪器和试剂】

仪器:大试管、量筒(10mL)、秒表、玻璃棒、烧杯(250mL)、酒精灯、温度计(100℃)、锥形瓶、点滴板。

试剂:MnO_2 固体粉末(AR)、0.004mol·L^{-1} Na_2SO_3 溶液(每升含淀粉5g)、0.004mol·L^{-1} KIO_3 溶液(每升加浓 H_2SO_4 4mL,使pH在4左右)、3% H_2O_2 溶液、3.0mol·L^{-1} H_2SO_4 溶液、0.1mol·L^{-1} $MnSO_4$ 溶液、0.01mol·L^{-1} $KMnO_4$ 溶液、0.05mol·L^{-1} $H_2C_2O_4$ 溶液、饱和 $CoCl_2$ 溶液,浓HCl。

【实验内容】

1. 反应速率与反应物浓度的关系

取一支大试管,量取0.004mol·L^{-1} KIO_3 溶液5mL,加入1mL 0.004mol·L^{-1} Na_2SO_3,并立即按动秒表,同时振荡试管,当溶液变蓝时,马上停止秒表,记下出现蓝色所需要的时间,见表3-13-1。

用同样的方法,改变 KIO_3 的浓度,记下每次溶液变蓝所需要的时间。

表3-13-1 不同浓度的反应速率

编号	体积(mL)			KIO_3 浓度 $\frac{V_1}{(V_1+V_2+V_3)}\times100\%$	淀粉变蓝需用时间(s)
	$KIO_3(V_1)$	$H_2O(V_2)$	$Na_2SO_3(V_3)$		
1	5	0	1		
2	3	2	1		
3	2	3	1		

2. 反应速率与温度的关系

取一支大试管，加入 3mL 0.004mol·L^{-1} KIO_3，再加 2mL 蒸馏水，振荡。在另一支试管中加入 1mL 0.004mol·L^{-1} Na_2SO_3。将恒温水浴槽调至高于室温 5℃，将两支试管置于恒温水浴槽中，水浴加热 1min 后，将 1mL 的 Na_2SO_3 迅速倒入盛 KIO_3 的试管中，立即记时，并振荡。记录变蓝所用的时间，见表 3-13-2。

表 3-13-2 不同温度下的反应速度

编号	体积(mL)			实验温度(℃)	淀粉变蓝需用时间(s)
	$KIO_3(V_1)$	$H_2O(V_2)$	$Na_2SO_3(V_3)$		
1	3	2	1		
2	3	2	1		
3	3	2	1		

用同样的方法，固定浓度，分别在室温和低于室温 5℃时，记录淀粉变蓝所用的时间。

3. 催化剂对反应速率的影响

(1)均相催化 取两支试管，往第一支试管中加入 1mL 3mol·L^{-1} H_2SO_4，3mL 0.05mol·L^{-1} $H_2C_2O_4$ 和 1mL 蒸馏水。在另一支试管中加等量的 H_2SO_4 和 $H_2C_2O_4$，但另加 1mL 0.1mol·L^{-1} $MnSO_4$(作催化剂)，然后在两支试管中迅速加入 0.01mol·L^{-1} $KMnO_4$ 溶液 3 滴，比较两支试管中紫色褪去的快慢。

反应式如下：

$$2KMnO_4+5H_2C_2O_4+3H_2SO_4 \xlongequal{MnSO_4} K_2SO_4+2MnSO_4+10CO_2\uparrow+8H_2O$$

(2)多相催化

取两支小试管各加入 2mL 3% H_2O_2，用润湿的玻璃棒沾少量的 MnO_2 粉末，伸入其中一支试管内，比较两支试管气泡的产生量的多少，并用燃烧余烬的火柴检验放出的气体，反应方程式如下：

$$2H_2O_2 \xlongequal{MnO_2} 2H_2O+O_2\uparrow$$

4. 浓度对化学平衡的影响

在点滴板上滴加 3 滴 $CoCl_2$ 溶液，然后用滴管滴加浓 HCl 溶液 5 滴，待溶液颜色改变后，再加水稀释，观察现象。反应式如下：

$$[Co(H_2O)_6]^{2+}+4Cl^- \rightleftharpoons [CoCl_4]^{2-}+6H_2O$$

5. 温度对化学平衡的影响

将装有 NO_2 气体的锥形瓶分别放入热水和冷水中保持 2～3min,比较锥形瓶的颜色有什么变化。说明平衡向哪个方向移动,并用勒夏特列原理解释原因。

反应方程式如下:

$$2NO_2 \rightleftharpoons N_2O_4 \qquad \Delta rH_m^\ominus = -58.14kJ \cdot mol^{-1}$$

红棕色　　无色

思考题

1. 对反应速率缓慢且放热的反应来说,应采用什么条件较为合适?为什么?

2. 在酸性介质中 $KMnO_4$ 与 $H_2C_2O_4$ 的反应若不加催化剂 $MnSO_4$,反应一开始的速率与反应进行一段时间后的反应速率比较,哪一个快?为什么?

3. 从实验结果说明哪些因素影响化学平衡?怎样判断化学平衡移动的方向?

化学反应速率和化学平衡

实验十四　电解质溶液

【实验目的】

1. 通过实验进一步加深对弱电解质电离的特点、同离子效应等的理解。
2. 学习缓冲溶液的配制并验证其性质。
3. 了解盐类的水解反应及影响水解过程的主要因素。
4. 掌握 pH 试纸的使用基本操作。

【实验原理】

1. 弱电解质在溶液中的电离平衡及同离子效应

弱电解质在水溶液中只是部分电离，若 AB 为弱酸（或弱碱），则在水溶液中存在下列电离平衡：

$$AB \rightleftharpoons A^{+} + B^{-}$$

达到平衡时，已电离成离子的浓度和未电离的分子浓度的关系为：

$$\frac{c(A^{+})c(B^{-})}{c(AB)} = K_i\text{（电离常数）}$$

在此平衡体系中，若加入含有相同离子的强电解质，即增加 A^{+} 或 B^{-} 离子浓度，则平衡向生成 AB 分子的方向移动，使弱电解质 AB 的电离度降低，这种现象叫作同离子效应。

2. 缓冲溶液

具有抵抗加入的少量酸、碱或适量的稀释作用而保持酸度基本不变的溶液，这种溶液称为缓冲溶液。缓冲溶液一般是由共轭酸碱对组成，酸碱缓冲溶液的酸度可按下式近似计算：

$$pH = pK_a - \lg\frac{c(A)}{c(B)} \quad pOH = pK_b - \lg\frac{c(B)}{c(A)}$$

其中,$c(A)$和$c(B)$分别表示共轭酸碱的浓度。

若配制缓冲溶液时,所用共轭酸碱的浓度相同,上式可改写为如下形式:

$$pH = pK_a - \lg \frac{V(A)}{V(B)} \qquad pOH = pK_b - \lg \frac{V(B)}{V(A)}$$

3. 盐类的水解反应

除了强酸强碱盐外,其他盐都能发生水解反应,结果往往使溶液显酸性或碱性。例如弱酸强碱盐水解使溶液显碱性,强酸弱碱盐水解使溶液显酸性,弱酸弱碱盐强烈水解,溶液的酸碱性视生成弱酸或弱碱的相对强弱而定。例如 NH_4Ac 溶液几乎为中性,而$(NH_4)_2S$溶液呈碱性。通常水解后生成的酸或碱越弱,盐的水解度越大。水解是吸热反应,因此加热可促进水解。

【仪器、试剂和材料】

仪器:试管、试管夹、酒精灯、滴管、玻璃棒、烧杯。

试剂:HCl(0.1mol·L^{-1}、2.0mol·L^{-1}、0.01mol·L^{-1})、HAc(0.1mol·L^{-1}、2.0mol·L^{-1}、0.01mol·L^{-1})、NaAc(0.1mol·L^{-1}、2.0mol·L^{-1})、$NH_3 \cdot H_2O$(0.1mol·L^{-1})、NaOH(0.1mol·L^{-1}、2mol·L^{-1})、HNO_3(6.0mol·L^{-1})、$Al_2(SO_4)_3$饱和溶液、Na_2CO_3饱和溶液、NaAc(s)、NH_4Cl(s)、$Fe(NO_3)_3 \cdot 9H_2O$(s)、锌粒、指示剂(甲基橙,酚酞,甲基红)。

材料:广泛 pH 试纸。

【实验内容】

1. 强弱电解质溶液的比较

(1)取两支试管分别加入 0.01mol·L^{-1} HCl 和 0.01mol·L^{-1} HAc 各 1mL,再各加入1滴甲基橙溶液,观察溶液的颜色。

(2)用 pH 试纸测试浓度均为 0.1mol·L^{-1}的 HCl,HAc,NaOH 和氨水的 pH 值,并与计算值作比较。

(3)取两支试管,一支加入 2mol·L^{-1} HAc 溶液 2mL,另一支加入 2mol·L^{-1} HCl 溶液 2mL,再各加一粒锌粒,观察反应现象(剩余锌粒回收)。

2. 弱电解质溶液中的电离平衡、同离子效应

(1)往试管中加入约 2mL 0.1mol·L^{-1} $NH_3 \cdot H_2O$,再滴加一滴酚酞,观察溶液的颜色。将此溶液分别盛于两支试管中,在一支试管中加入一小勺固体NH_4Cl,摇荡使之溶解,观察溶液的颜色,并与另一支试管比较。

(2)往试管中加入约 2mL 0.1mol・L^{-1} HAc 溶液，再加一滴甲基橙，观察溶液的颜色，然后加入少量 NaAc 固体，观察溶液有何变化？

根据(1)、(2)实验，指出同离子效应对电离度的影响。

3. 缓冲容量与组分浓度的关系

取两支试管，在一支试管中加入 0.1mol・L^{-1} HAc 和 0.1mol・L^{-1} NaAc 溶液各 2mL，另一试管中加入 2mol・L^{-1} HAc 和 2mol・L^{-1} NaAc 溶液各 2mL，测这两种缓冲溶液 pH 值是否相同。在两试管中各滴入一滴甲基红指示剂，呈何颜色？然后分别在两管中逐滴加入 2.0mol・L^{-1} NaOH，注意每加入一滴后均需摇匀，直至溶液变成黄色，各管中所加 NaOH 滴数是否相同，为什么？

4. 电解质的水解

(1)取少量固体 NaAc，溶于少量纯 H_2O 中，滴一滴酚酞观察溶液颜色，在小火上将溶液加热观察颜色有什么变化？为什么？

(2)取少量固体 $Fe(NO_3)_3 \cdot 9H_2O$，用 6mL 纯水溶解后，观察溶液颜色。然后将溶液分成 3 份，一份留作空白，一份加几滴 6mol・L^{-1} HNO_3；一份在小火上加热沸腾，观察现象并做比较。加入 HNO_3 或加热后对水解平衡有何影响？并解释原因。

(3)取一支试管先加入饱和 $Al_2(SO_4)_3$ 溶液 1mL，再加入饱和 Na_2CO_3 溶液 1mL，有什么现象？设法证明产生的沉淀是 $Al(OH)_3$ 而不是碳酸铝(如何试验，沉淀要不要洗净?)。写出反应方程式。

思考题

1. 同离子效应对弱电解质的电离度有何影响？

2. 如何配制缓冲溶液？如何验证其缓冲性质？

3. 水解和电离的不同之处是什么？Na_2CO_3 和 $Al_2(SO_4)_3$ 溶液能发生反应的原因是什么？

【拓展阅读】

人体内的缓冲溶液

我们人体的正常生理环境的维持离不开缓冲溶液，认识学习缓冲溶液有利于我们深入认识人体复杂化学反应机制。缓冲溶液维持着体液的 pH 基本不变，以保证生命活动的正常进行。如人体血液中主要缓冲体系之一是 H_2CO_3—$NaHCO_3$，正常人体代谢产生的 CO_2 进入血液后与 H_2O 结合成 H_2CO_3，H_2CO_3

与血浆中的 HCO_3^- 组成共轭酸碱对。其作用机理是:HCO_3^- 和外来酸中和生成 H_2CO_3,体内有一种碳酸酐酶,使 H_2CO_3 迅速分解为 CO_2 与 H_2O,呼吸排出体外;外来碱则由 H_2CO_3 中和生成 HCO_3^-,而减少的 H_2CO_3 立即由呼吸作用的 CO_2 补充。另一缓冲体系是细胞中的磷酸盐系统($H_2PO_4^-$ HPO_4^{2-});蛋白质是体内的第三种缓冲溶液,因为在蛋白质分子中有酸性的—COOH 和碱性的—NH_2 基团而显两性。人体中各类缓冲作用的权重为:血红蛋白约占 60%,血清蛋白及球蛋白占 20%,无机缓冲体系占 20%。

电解质溶液

实验十五　沉淀反应

【实验目的】

1. 掌握沉淀平衡和溶度积规则的运用。
2. 了解沉淀的溶解和沉淀转化的原理。
3. 学习离心分离操作和电动离心机的使用。

【实验原理】

事实证明，任何难溶的电解质在水溶液中还是会或多或少地溶解，绝对不溶的物质是不存在的。AgCl 在水中的溶解度虽然很小，但溶液中仍然存在着溶解与沉淀间的平衡关系：

$$AgCl(s) \rightleftharpoons Ag^{+}(aq) + Cl^{-}(aq)$$

这是一个动态平衡，平衡时是饱和溶液。与电离平衡一样，当达到沉淀溶解平衡时，服从化学平衡定律，即

$$K_{sp} = c(Ag^{+}) \cdot c(Cl^{-})$$

K_{sp}能作为判断沉淀与溶解的标准，当 $c(Ag^{+}) \cdot c(Cl^{-}) > K_{sp}$，则有沉淀析出；当 $c(Ag^{+}) \cdot c(Cl^{-}) = K_{sp}$，溶液达到饱和，但仍无沉淀析出；当 $c(Ag^{+}) \cdot c(Cl^{-}) < K_{sp}$，溶液未饱和，没有沉淀析出。

如果在溶液中有两种或两种以上的离子都可以与同一种沉淀剂反应生成难溶电解质，沉淀生成的先后次序可根据所需沉淀剂离子浓度的大小来判断。所需沉淀剂离子浓度小的先沉淀出来，所需沉淀剂离子浓度大的后沉淀出来，这种先后沉淀的现象，称为分步沉淀。如果在沉淀中再加入某种试剂，能使其形成更难溶的物质，则沉淀就转化。

【仪器和试剂】

仪器：试管、离心试管、离心机、烧杯、试管夹、酒精灯。

试剂：$HCl(6mol \cdot L^{-1})$、$HNO_3(6mol \cdot L^{-1})$、$NH_3 \cdot H_2O(6mol \cdot L^{-1})$、Pb

$(NO_3)_2$(0.1mol·L^{-1}、0.001mol·L^{-1})、NaCl(1mol·L^{-1}、0.1mol·L^{-1})、KI(0.1mol·L^{-1}、0.001mol·L^{-1})、K_2CrO_4(0.5mol·L^{-1}、0.05mol·L^{-1})、$AgNO_3$(0.1mol·L^{-1})、$BaCl_2$(0.5mol·L^{-1})、$(NH_4)_2C_2O_4$(饱和)、Na_2SO_4(饱和)、Na_2S(1mol·L^{-1}、0.01mol·L^{-1})。

【实验内容】

1. 沉淀平衡

在离心试管中滴加10滴0.1mol·L^{-1} $Pb(NO_3)_2$溶液,然后滴加5滴1mol·L^{-1} NaCl溶液,振荡离心试管,待沉淀完全后离心分离。在分离后的溶液中,加入1滴0.5mol·L^{-1} K_2CrO_4溶液,有什么现象?并解释原因。

2. 溶度积规则的应用

(1)在试管中加5滴0.1mol·L^{-1} $Pb(NO_3)_2$溶液,再滴加5滴0.1mol·L^{-1} KI溶液,观察有无沉淀生成。试用溶度积规则解释。

(2)用5滴0.001mol·$L^{-1}$$Pb(NO_3)_2$溶液和5滴0.001mol·$L^{-1}$ KI溶液进行实验,观察现象。试用溶度积规则解释。

(3)在试管中滴加0.1mol·L^{-1} NaCl溶液3滴和0.5mol·L^{-1} K_2CrO_4溶液2滴。然后边振荡试管边逐滴滴加0.1mol·L^{-1} $AgNO_3$溶液,观察沉淀的颜色变化,试用溶度积规则解释。

3. 分步沉淀

在试管中滴加10滴0.01mol·L^{-1} Na_2S溶液和两滴0.05mol·L^{-1} K_2CrO_4溶液,用水稀释至5mL,然后逐滴滴加0.1mol·L^{-1} $Pb(NO_3)_2$溶液,观察最先生成沉淀的颜色。待沉淀完全后,继续向清液中滴加$Pb(NO_3)_2$溶液,会出现什么颜色的沉淀?根据有关溶度积数据加以说明。

4. 沉淀的溶解

(1)取5滴0.5mol·$L^{-1}$$BaCl_2$溶液,滴两滴饱和$(NH_4)_2C_2O_4$溶液,观察沉淀的生成,离心分离弃去溶液,在沉淀物上滴加6mol·L^{-1} HCl溶液,有什么现象?写出化学方程式,并说明原因。

(2)取0.1mol·L^{-1} $AgNO_3$溶液两滴,滴入1mol·L^{-1} NaCl溶液1~2滴,观察现象。再逐滴滴入6mol·L^{-1} $NH_3·H_2O$,发生什么现象?写出化学方程式,并说明原因。

(3)取5滴0.1mol·L^{-1} $AgNO_3$溶液,滴入2滴1mol·L^{-1} Na_2S溶液,观察现象。离心分离,弃去溶液,在沉淀物上滴加6mol·L^{-1} HNO_3溶液少许,加热,有何现象?写出化学方程式,并说明原因。

5. 沉淀的转化

在离心试管中，滴 5 滴 0.1mol・L^{-1} $Pb(NO_3)_2$ 溶液，再滴 3 滴 1mol・L^{-1} NaCl 溶液，振荡离心试管，待沉淀完全后，离心分离。用 0.5mL 蒸馏水洗涤沉淀一次。然后在 $PbCl_2$ 沉淀中滴 3 滴 0.1mol・L^{-1} KI 溶液，观察沉淀的转化，颜色的变化。按上述操作依次先后滴入 5 滴饱和 Na_2SO_4 溶液，0.5mol・L^{-1} K_2CrO_4 溶液，1mol・L^{-1} Na_2S 溶液，每加入一种新的溶液后，并观察沉淀的转化及颜色的变化。写出沉淀转化方程式，并说明原因。

思考题

1. 在 Ag_2CrO_4 沉淀中加入 NaCl 溶液，将会发生什么现象？

2. 在沉淀转化实验中，能否用比较 $PbCl_2$，PbI_2，$PbSO_4$，$PbCrO_4$，PbS 的 K_{sp} 值说明有关沉淀转化的原因，为什么？

3. 沉淀的溶解常用的方法有哪几种？

沉淀反应

实验十六　氧化还原反应

【实验目的】

1. 加深对氧化还原反应的本质及氧化剂、还原剂等具有相对性基本知识的理解。

2. 了解氧化还原反应与浓度、介质酸度的关系。

【实验原理】

氧化还原反应是电子转移的反应。物质得失电子能力的大小,可用电极电位(φ)的相对大小来衡量。φ 值愈大,其氧化态的氧化能力愈强,还原态的还原能力愈弱。根据电极电位数值可以判断氧化还原反应的方向。氧化还原是从较强的氧化剂和较强的还原剂向着生成较弱的还原剂和较弱的氧化剂方向进行。

物质的氧化性和还原性强弱是相对的,中间价态化合物一般既可作氧化剂,又可作还原剂。例如,H_2O_2 常作氧化剂,被还原为 H_2O(或 OH^-):

$$H_2O_2+2H^++2e \rightleftharpoons 2H_2O \qquad \varphi^\ominus=1.77V$$

但遇到更强的氧化剂,如高锰酸钾(在酸性介质中)时,过氧化氢作为还原剂,被氧化而放出氧气:

$$5H_2O_2+2MnO_4^-+6H^+ \rightleftharpoons 2Mn^{2+}+5O_2\uparrow+8H_2O \qquad \varphi^\ominus=0.682V$$

介质的酸碱性对含氧酸盐的氧化性影响很大。例如,高锰酸钾在酸性介质中被还原为 Mn^{2+}(无色或浅红色):

$$MnO_4^-+8H^++5e \rightleftharpoons Mn^{2+}+4H_2O \qquad \varphi^\ominus=1.51V$$

在中性或弱碱性介质中,被还原为褐色或暗黄色的 MnO_2 沉淀:

$$MnO_4^-+2H_2O+3e \rightleftharpoons MnO_2\downarrow+4OH^- \qquad \varphi^\ominus=0.588V$$

在强碱性介质中,被还原为绿色的 $MnO_4{}^{2-}$:

$$MnO_4^-+e \rightleftharpoons MnO_4{}^{2-} \qquad \varphi^\ominus=0.564V$$

电极电位的大小与浓度的关系可以用能斯特方程式表示:

$$\varphi=\varphi^{\ominus}+\frac{2.303RT}{nF}\lg\frac{c(\text{氧化态})}{c(\text{还原态})}$$

【仪器和试剂】

仪器:试管、试定夹、酒精灯。

试剂:HCl(浓,2mol·L^{-1})、KI(0.5mol·L^{-1})、H_2SO_4(2mol·L^{-1})、$KMnO_4$(0.1mol·L^{-1})、NaOH(6mol·L^{-1})、H_2O_2(3%)、Na_2SO_3(0.5mol·L^{-1})、KOH(s)、MnO_2(s)、KNO_3(s)。

【实验内容】

1. 氧化剂与还原剂的相对性

(1)在试管中加入 0.5mol·L^{-1} KI 溶液 5 滴,2mol·L^{-1} H_2SO_4 溶液 8 滴,然后加入 3% H_2O_2 溶液 3 滴。摇荡并观察反应前后的变化,写出离子方程式。

(2)在另一支试管中加入 5 滴 0.1mol·L^{-1}的 $KMnO_4$ 溶液,8 滴 2mol·L^{-1}的 H_2SO_4 溶液,然后加 10 滴 3%的 H_2O_2 溶液。振荡并观察反应前后的变化,写出离子反应方程式。比较两试管中 H_2O_2 的作用。

2. 浓度对氧化还原反应的影响

在两支试管中分别加入浓 HCl 和 2mol·L^{-1}HCl 各 1mL,再加入 0.1mol·L^{-1} $KMnO_4$ 溶液 4 滴,直接加热,观察颜色的变化。

3. 介质酸碱性对氧化还原反应的影响(以 $KMnO_4$ 氧化作用为例)

在三支试管中,分别加入 0.1mol·$L^{-1}$$KMnO_4$ 溶液两滴。然后在第一支试管中加入 2mol·L^{-1} H_2SO_4 溶液 4 滴,第二支试管中加入蒸馏水两滴,第三支试管中加入 6mol·L^{-1} NaOH 溶液两滴。在以上三支试管中加入 0.5mol·L^{-1} Na_2SO_3 溶液 1~2 滴,记录现象,分析结论。写出有关的离子反应方程式。

4. 歧化反应

(1)在干燥的大试管中加入一片 KOH 固体,少量 KNO_3 固体及少量 MnO_2 粉末,在酒精灯上熔融使其充分反应。待自然冷却至室温,加入水约 5mL,制得绿色 K_2MnO_4 溶液。其反应方程式为:

$$3MnO_2+2KNO_3+4KOH=\!=\!=3K_2MnO_4+2NO\uparrow+2H_2O$$

(2)取上述 K_2MnO_4 溶液 2mL,加入 1mL 2mol·L^{-1} H_2SO_4 溶液,观察现象,并根据下面锰元素电位图予以解释。

酸性介质中:

$$\varphi^{\ominus}/V \qquad MnO_4^- \xrightarrow{0.564} MnO_4^{2-} \xrightarrow{2.26} MnO_2$$

思 考 题

1. 怎样判断氧化还原反应的方向?

2. 为什么 H_2O_2 既可作为氧化剂又可作为还原剂?在何种情况下作为氧化剂?在何种情况下作为还原剂?

3. 介质的酸碱性对氧化还原反应有何影响?

4. 根据锰的元素电位图,判断 MnO_4^{2-} 发生歧化反应的条件。

氧化还原反应

实验十七　配合物的生成和性质

【实验目的】

1. 了解配离子的生成和配合物的组成以及配离子和简单离子的区别。

2. 比较配离子的稳定性，了解配位平衡与沉淀反应、氧化还原反应以及溶液酸度的关系。

【实验原理】

由一个简单的正离子和几个中性分子或其他离子结合而成的复杂离子叫配离子。带有正电荷的配离子叫正配离子，带有负电荷的配离子叫负配离子，含有配离子的化合物叫配合物。配离子在溶液中也能或多或少地离解成简单离子或分子。

例如，$[Cu(NH_3)_4]^{2+}$配离子在溶液中存在下列离解平衡：

$$[Cu(NH_3)_4]^{2+} \rightleftharpoons Cu^{2+} + 4NH_3$$

$$K_d = \frac{c(Cu^{2+}) \cdot c^4(NH_3)}{c([Cu(NH_3)_4]2+)}$$

此平衡常数叫不稳定常数，K_d表示该离子离解成简单离子趋势的大小，也就是表示该配离子的不稳定程度。

配离子的离解平衡也是一种化学平衡，能向着生成更难离解或更难溶解的物质的方向进行。例如，在$[Fe(SCN)]^{2+}$溶解中加入F^-离子，则反应向着生成稳定常数更大的$[FeF_6]^{3-}$配离子方向进行。

螯合物是中心离子与多基配位形成的具有环状结构的配合物。很多金属的螯合物都具有特征的颜色，并且很难溶于水而易溶于有机溶剂。例如，丁二肟在弱碱性条件下与Ni^{2+}生成鲜红色难溶于水的螯合物，这一反应可作为检验Ni^{2+}的特征反应。

【仪器和试剂】

仪器：试管、滴管。

试剂：$ZnSO_4$（0.1mol·L^{-1}）、KI（0.1mol·L^{-1}）、$NiSO_4$（0.2mol·L^{-1}）、

$BaCl_2$(0.1mol·L^{-1})、NaOH(0.1mol·L^{-1}、2mol·L^{-1})、$FeCl_3$(0.1mol·L^{-1}、0.5mol·L^{-1})、KSCN(0.1mol·L^{-1})、$K_3[Fe(CN)_6]$(0.1mol·L^{-1})、$AgNO_3$(0.1mol·L^{-1})、NaCl(0.1mol·L^{-1})、NH_4F(0.4mol·L^{-1})、H_2SO_4(1∶1)、NaF(0.1mol·L^{-1})、$CuSO_4$(0.1mol·L^{-1})、$K_4P_2O_7$(0.2mol·L^{-1})、$NiCl_2$(0.1mol·L^{-1})、$NH_3·H_2O$(0.5mol·L^{-1},1∶1)、1%丁二肟、CCl_4。

【实验内容】

1. 配离子的生成与配合物的组成

(1)在试管中加入0.1mol·L^{-1} $ZnSO_4$溶液5滴,再逐滴加入0.1mol·L^{-1} NaOH溶液,观察白色沉淀的生成。再继续加入NaOH溶液,观察沉淀的溶解,写出反应式。

(2)在两支试管中分别加入0.2mol·L^{-1} $NiSO_4$溶液5滴,然后在这两支试管中分别加入0.1mol·L^{-1} $BaCl_2$溶液和0.1mol·L^{-1} NaOH溶液,观察现象并写出反应式。

在另一支试管中加入0.2mol·L^{-1} $NiSO_4$溶液10滴,加入1滴1∶1 $NH_3·H_2O$,边滴加边振荡,待生成的沉淀完全溶解后,再适当多加些氨水。然后将此溶液分成两份,分别加入0.1mol·L^{-1} $BaCl_2$溶液和0.1mol·L^{-1} NaOH溶液。观察并解释此现象。

2. 简单离子和配离子的区别

在试管中加入0.1mol·L^{-1} $FeCl_3$溶液两滴,加入1～2滴KSCN溶液,观察现象,并解释原因。

以两滴0.1mol·L^{-1} $K_3[Fe(CN)_6]$溶液代替$FeCl_3$溶液做同样实验,观察现象,并解释原因。

3. 配位平衡的移动

(1)配位平衡与沉淀反应:在试管中加入0.1mol·L^{-1} $AgNO_3$溶液5滴,滴加0.1mol·L^{-1} NaCl溶液2～3滴,观察现象;然后加入过量的1∶1氨水,观察现象,写出反应式,并解释原因。

(2)配位平衡与氧化还原反应:在试管中加入0.5mol·L^{-1} $FeCl_3$溶液,滴加0.1mol·L^{-1} KI溶液2～3滴,加入CCl_4 0.5mL观察现象,并写出有关反应式。

在另一支盛有两滴0.5mol·L^{-1} $FeCl_3$溶液的试管中,先逐滴加入0.4mol·L^{-1} NH_4F溶液使之变为无色,再多加5滴,后加入0.1mol·L^{-1} KI溶液,2—3滴,并加入0.5mL CCl_4,观察现象,解释原因,并写出有关的反应式。

(3)配位平衡与介质的酸碱性:在试管中加入0.5mol·L^{-1} $FeCl_3$溶液10滴,

逐滴加入 0.4mol·L^{-1} NH_4F 溶液，呈无色。将此溶液分成两份，分别滴加 2mol·L^{-1}NaOH 溶液和 1∶1 H_2SO_4 溶液，观察现象，并写出有关化学反应方程式。

(4)配离子的转化：往一支试管中加入两滴 0.1mol·$L^{-1}$$FeCl_3$ 溶液，加水稀释至无色，加入 1～2 滴 0.1mol·L^{-1}KSCN 溶液，再逐滴加入 0.1mol·L^{-1}NaF 溶液 5 滴，观察现象并解释之。

4. 螯合物的形成

(1)在试管中加入 10 滴左右 0.1mol·L^{-1} $CuSO_4$ 溶液，然后逐滴加入 0.2mol·L^{-1} $K_4P_2O_7$ 溶液，生成浅蓝色的焦磷酸铜沉淀后，继续加入 $K_4P_2O_7$ 溶液，沉淀又溶解，生成深蓝色透明溶液。

(2)往试管中加入两滴 0.1mol·$L^{-1}$$NiCl_2$ 溶液及约 1mL 蒸馏水，再加入 1～2 滴 0.5mol·L^{-1}氨水溶液，使之呈碱性。然后加入 2～3 滴 1%丁二肟溶液，观察生成的鲜红色沉淀。

思考题

1. 说明配离子和简单离子的区别。
2. 影响配位平衡的因素有哪些？

【拓展阅读】

生命中的“配合物”——叶绿素

20 世纪初，科学家采用当时最先进的色层分离法来提取绿叶中的物质。经过 10 年的艰苦努力，德国化学家韦尔斯泰特用成吨的绿叶，终于得到了其中的神秘

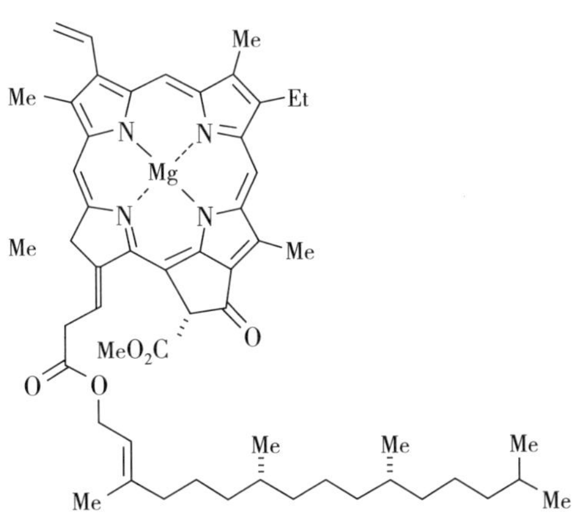

物质—叶绿素，正是因为叶绿素在植物体内所起到的独特作用，才使人类和动植物得以生存。由于成功地提取了叶绿素，1915年韦尔斯泰特荣获了诺贝尔化学奖。

叶绿素有多种，有叶绿素a、b、c和d，以及细菌叶绿素和绿菌属叶绿素等，与食品有关的主要是高等植物中的叶绿素a和b两种，其结构共同特点是结构中包括四个吡咯构成的卟啉环，四个吡咯与金属镁元素结合，下图为叶绿素a的结构式：

叶绿素吸收大部分的红光和紫光但反射绿光，所以叶绿素呈现绿色，它在光合作用的光吸收中起核心作用。

与其他配合物类似，叶绿素的稳定性受到溶液pH值的显著影响，在一定的条件下，卟啉环中的镁原子可被氢离子、铜离子、锌离子所置换。用酸处理叶片，氢离子易进入叶绿体，置换镁原子形成去镁叶绿素，使叶片呈褐色。去镁叶绿素易再与铜离子结合，形成铜代叶绿素，颜色比原来更稳定。人们常根据这一原理用醋酸铜处理来保存绿色植物标本。

配合物的生成和性质

实验十八　碳水化合物与蛋白质性质

【实验目的】

1. 验证碳水化合物与蛋白质的主要化学性质。

2. 掌握碳水化合物与蛋白质、氨基酸的某些鉴定方法。

【仪器和试剂】

仪器：试管、小烧杯、酒精灯。

试剂：(1)2%葡萄糖、2%果糖、2%麦芽糖、2%蔗糖、斐林溶液A、斐林溶液B、浓盐酸、浓硫酸、0.05%间苯二酚浓盐酸溶液、5%α-萘酚乙醇溶液、1%碘-碘化钾溶液、1%淀粉溶液、10%氢氧化钠、药棉、70%硫酸。

(2)20%蛋白质溶液、浓盐酸、浓硝酸、浓氨水、1%硫酸铜、10%氢氧化钠、硫酸铵(固)、5%醋酸、5%单宁酸、10%三氯醋酸、2%氯化汞、5%硝酸银、饱和醋酸铅、0.1%茚三酮乙醇溶液、0.1%溴甲酚绿(蓝)指示剂、10%酪蛋白醋酸钠溶液、$0.01mol \cdot L^{-1}$盐酸、$0.01mol \cdot L^{-1}$氢氧化钠、混合指示剂、蒸馏水。

【实验内容】

1. 碳水化合物性质

(1)单糖和双糖的性质

① 还原反应：取斐林溶液A[1]与斐林溶液B[2]各5mL于同一试管中混合均匀，得到10mL斐林溶液，备用。

取4支试管，分别加入2%葡萄糖溶液、2%果糖溶液、2%麦芽糖溶液、2%蔗糖溶液各1mL，然后分别加入刚配好的斐林溶液1mL(剩下的保留)，将4支试管同时放在沸水浴中加热数分钟，观察有何现象产生。(其中哪种糖没有还原性？为什么？)

② 蔗糖的水解：取2%蔗糖溶液2mL，加入浓盐酸两滴，混合均匀后，放在沸水浴中加热5～10min，用1mL 10%氢氧化钠溶液中和，加入斐林溶液1mL，然后放在沸水浴中加热。(有何现象出现？)

(2)多糖的反应

① 淀粉与碘反应:取1%淀粉溶液1mL于试管中,加入1滴碘-碘化钾溶液,混合后呈蓝色,加热颜色褪去,冷却后又显出。

② 淀粉的水解:取一个小烧杯加入10mL 1%的淀粉溶液和8滴浓盐酸,放在沸水浴中加热。每隔5min取出1滴淀粉水解液在白瓷滴板上,滴1滴碘-碘化钾溶液,观察其颜色的变化,直到无色为止。冷却后取出水解液2mL,以10%的氢氧化钠溶液中和(试纸试验)。另取一试管加入1mL 1%淀粉溶液,在两支试管中分别加入1mL斐林溶液,摇匀后,同时放入沸水浴中加热2~5min,观察颜色的变化。(此现象说明什么问题?)

③ 纤维素的水解:在大试管中放入5mL 70%硫酸,加入一小块脱脂棉,搅拌均匀后,放入沸水浴中加热至显亮棕色为止。然后冷却,再倒入20mL水中稀释,观察纤维素的水解产物是否溶解于水中。取出1mL水解液于试管中,用稀碱液中和后加入1mL斐林溶液,振荡均匀后,放入沸水浴中加热3~5min,观察有什么现象产生。

(3)显色反应

① α-萘酚反应:取1mL 2%葡萄糖溶液于试管中,加入两滴5%α-萘酚乙醇溶液,混匀后,将试管倾斜,沿试管壁将1mL浓硫酸慢慢加入混合液中,观察硫酸与溶液界面间的颜色变化。

用同样方法检验果糖、蔗糖、淀粉。

② 间苯二酚反应:取两支试管,分别加入2%葡萄糖、2%果糖溶液各1mL,再各加入0.05%间苯二酚浓盐酸溶液0.5mL,混合均匀后,将两支试管同时放入沸水浴中煮沸2min,比较各试管中的变化情况,说明原因。

2. 蛋白质性质

(1)颜色反应

① 缩二脲反应:取1mL 20%的蛋白质溶液置于试管中,加入1mL 10%氢氧化钠溶液,充分摇匀,然后再加入1~2滴1%硫酸铜溶液,观察有什么颜色产生。特别注意不能加入过量的硫酸铜,以防止在碱性溶液中生成沉淀,遮蔽产生的颜色。

② 黄蛋白反应:取1mL 20%的蛋白质溶液置于试管中,加入浓硝酸5滴,加热煮沸,观察有什么现象产生。再加入浓氨水使溶液呈碱性后,观察颜色又有什么变化,试分析其中原因。

③ 与水合茚三酮反应:取20%蛋白质溶液1mL(蛋白质溶液应呈中性)置于试

管中，加入0.1%茚三酮乙醇溶液10滴，加热煮沸1～2min，在冷却时或冷却后观察颜色有什么变化，试分析其中原因。

(2)沉淀反应

① 加热：取2mL 20%蛋白质溶液置于试管中，在水浴上加热煮沸5～10min，观察有什么现象产生。然后向试管中加水，观察反应产物是否发生变化。

② 与重金属盐反应：取3支试管，分别加入20%蛋白质溶液1mL，再分别滴入2%氯化汞、5%硝酸银、饱和醋酸铅溶液各两滴，观察有什么现象产生。注意加氯化汞溶液应当缓慢，否则就生成不了沉淀。

③ 与生物碱沉淀剂反应：取两支试管，各加入20%蛋白质溶液1mL，并加几滴5%的醋酸使之呈酸性，然后分别加入10%三氯醋酸、5%单宁酸溶液数滴，不断摇动，直至产生沉淀为止。不必多加沉淀试剂，因为所产生的沉淀均能过量的试剂中溶解。

④ 盐析：取20%蛋白质溶液1mL于试管中，然后向试管中加入固体硫酸铵至饱和，微微摇动试管后，静置数分钟，观察有无沉淀析出(如无沉淀，可再加少许硫酸铵)。

将上述混合液再加水稀释，观察沉淀是否溶解，说明原因。

(3)蛋白质溶液的缓冲作用

取3支试管，分别加入3mL 20%蛋白质溶液和3滴混合指示剂。然后向一支试管中加入0.01mol·L^{-1}盐酸溶液5滴，向另一支试管中加入0.01mol·L^{-1}氢氧化钠溶液5滴，摇匀后观察溶液的颜色并与第三支试管做比较，并解释其中原因。

另用蒸馏水代替20%蛋白质溶液，做同样的试验，观察现象，说明原因。

(4)蛋白质的两性反应

取一支试管，加10滴10%酪蛋白醋酸钠溶液和2～3滴0.1%溴甲酚绿(蓝)指示剂(用酒精配制，变色的pH值范围3.8～5.4)，混合均匀，观察溶液呈何种颜色(指示剂的酸式色为黄色，碱式色为蓝色)。

然后，在显色的溶液中缓慢滴加浓盐酸溶液，边滴边摇动，直到有大量沉淀生成为止。此时溶液的pH值接近于酪蛋白的等电点，观察溶液的颜色是否发生变化。再继续逐滴加入浓盐酸溶液至沉淀溶解为止，观察溶液的颜色有无变化。最后逐滴加入10%氢氧化钠溶液进行中和，边滴加边摇匀。再继续逐滴加10%氢氧化钠溶液至沉淀完全溶解为止，观察又有何现象产生，试说明原因。

思考题

1. 用化学方法如何区别葡萄糖、果糖、蔗糖、淀粉?
2. 为什么可以利用碘液定性了解淀粉水解进行的程度?
3. 为什么重金属盐轻度中毒者一般可服用牛奶帮助解毒?

注释:

[1] 斐林溶液 A 的配制:将 3.5g 五水硫酸铜溶于 100mL 水中,即得淡蓝色的斐林溶液 A。

[2] 斐林溶液 B 的配制:将 17g 五结晶水酒石酸钾钠溶于 20mL 热水中,然后加入 20mL 含 5g 氢氧化钠的水溶液,稀释至 100mL 即得无色清亮的斐林溶液 B。

第三章　综合性和设计性实验

实验十九　物质的分离和提纯

——由海盐制试剂级氯化钠

【实验目的】

1. 学习由海盐制试剂级氯化钠的方法。
2. 练习溶解、过滤、蒸发、结晶等基本操作。

【实验原理】

海盐中，除含有泥沙等不溶性杂质外，还含有 Ca^{2+}，Mg^{2+}，K^{+} 的卤化物和硫酸盐等可溶性杂质。不溶性杂质可以通过过滤法除去。可溶性杂质可采用化学法，加入某些化学试剂，使之转化为沉淀滤除。方法如下：

在海盐溶液中，加入稍过量的 $BaCl_2$ 溶液，则发生反应

$$Ba^{2+} + SO_{42-} \xlongequal{} BaSO_4 \downarrow$$

过滤除去 $BaSO_4$ 沉淀，在滤液中，加入适量的 NaOH 和 $NaCO_3$ 溶液，使溶液中的 Mg^{2+}，Ca^{2+}，过量的 Ba^{2+} 转化为沉淀

$$Mg^{2+} + 2OH^{-} \xlongequal{} Mg(OH)_2 \downarrow$$

$$Ca^{2+} + CO_{32-} \xlongequal{} CaCO_3 \downarrow$$

$$Ba^{2+} + CO_{32-} \xlongequal{} BaCO_3 \downarrow$$

产生的沉淀用过滤的方法除去，过量的氢氧化钠和碳酸钠可用盐酸中和而除去。少量 KCl 等可溶性杂质因含量少，溶解度又较大，在蒸发、浓缩和结晶过程中，

仍然留在母液中而与 NaCl 分离。

【仪器、试剂和材料】

仪器:烧杯、量筒、抽滤瓶、布氏漏斗、三脚架、石棉网、台秤、蒸发皿、滴管、表面皿、酒精灯、玻璃棒、酸式滴定管、锥形瓶(250mL)、吸量管(10mL)、移液管、容量瓶(100mL)、分析天平等。

试剂:海盐、Na_2CO_3(1mol·L^{-1})、NaOH(2mol·L^{-1})、HCl(2mol·L^{-1})、$BaCl_2$(1mol·L^{-1})、淀粉(1%)、荧光素(0.5%)、$AgNO_3$ 标准溶液。

材料:滤纸、pH 试纸。

【实验内容】

1. 海盐的提纯

(1)在台秤上称取 5g 海盐,放入 100mL 小烧杯中,加 20mL 水,用玻璃棒搅拌,并加热使其溶解。边搅拌边逐滴加入 1mol·L^{-1} $BaCl_2$ 溶液(约 2mL)至沉淀完全,继续加热,使 $BaSO_4$ 颗粒长大而沉淀。为了检验沉淀是否完全,可将烧杯从石棉网上取下,待沉淀沉降后,在上层清液中加入 1~2 滴 $BaCl_2$ 溶液,观察澄清液中是否产生混浊。如不产生混浊,说明 SO_{42-} 已完全沉淀,如仍有混浊,则需继续滴加 $BaCl_2$ 溶液,直至上层清液在加入 1 滴 $BaCl_2$ 溶液后,不再产生混浊为止。

(2)在溶液中加入 1mL 2mol·L^{-1}的 NaOH 和 3mL 1mol·L^{-1}的 Na_2CO_3,加热至沸,待沉淀沉降后,在上层清液中滴加 1mol·L^{-1} Na_2CO_3 溶液至不再产生沉淀为止,减压过滤。

(3)将滤液倒入已称重的蒸发皿中,在滤液中逐滴加入 2mol·L^{-1} HCl 溶液,并且用 pH 试纸测试,直至溶液呈微酸性(pH=6)为止。

(4)加热蒸发,浓缩至糊状的稠液为止,但不可将溶液蒸发至干。

(5)冷却后称量,计算产率。

$$产率=\frac{产品\ NaCl\ 的质量}{海盐的质量}\times 100\%$$

2. 产品纯度的检验

(1)氯化钠含量测定

① 分析天平准确称取 0.2500~0.2800g 之间的产品放入 100mL 小烧杯中溶解转入 100mL 容量瓶中,定容,摇匀。

② 用 10mL 吸量管准确移取 10.00mL $AgNO_3$ 标准溶液于 100mL 容量瓶中,定容,摇匀装入酸式滴定管中。

③ 用25mL移液管准确吸取25.00mL已定容的NaCl至锥形瓶中，再加入5mL 1%淀粉溶液，边摇动边用$AgNO_3$溶液避光滴定，近终点时加3滴0.5%荧光素，此时溶液为黄绿色，继续滴至粉红色，记录用去的体积V，计算氯化钠含量x。

氯化钠百分含量按下式计算：

$$x=\frac{\frac{V}{1000}\cdot c\times 58.44}{G\times\frac{25}{100}}\times 100\%$$

式中：V——$AgNO_3$标准溶液的用量(mL)；

c——$AgNO_3$标准溶液的物质的量浓度($mol\cdot L^{-1}$)；

G——样品质量(g)；

58.44——NaCl的摩尔质量($g\cdot mol^{-1}$)。

【基本操作】

1. 固体物质的提纯

在固体物质提纯过程中，经常遇到溶解、过滤、蒸发(浓缩)、结晶(重结晶)等基本操作，现分别叙述如下。

(1)固体溶解

将固体物质溶解于某一溶剂时，通常要考虑温度对物质溶解度的影响和实际需要而取用适量溶剂。

加热一般可加速溶解过程，应根据物质对热稳定性选用直接用火加热或用水浴等间接方法加热。

溶解固体时最好要不断搅动，用搅拌棒搅动时，应手持搅拌棒并转动手腕使搅拌棒在液体中均匀地转圈子，不要用力过猛，不要使搅拌棒碰在器壁上，以免损坏容器。

如果固体颗粒太大不易溶解时，应先在洁净干燥的研钵中将固体研细，研钵中盛放固体的量不要超过其容量的1/3。

(2)过滤

过滤是最常用的分离方法之一。当沉淀和溶液经过过滤器时，沉淀留在过滤器上；溶液通过过滤器而进入容器中，所得溶液称作滤液。

过滤时，应考虑各种因素的影响而选用不同的方法。通常热的溶液黏度小，比冷的溶液容易过滤，一般黏度愈小，过滤愈快。减压过滤因有压强比在常压下过滤快。过滤器的孔隙有不同大小规格，应根据沉淀颗粒的大小和状态而选择使用。孔隙太大，小颗粒沉淀易透过，孔隙太小，又易被小颗粒沉淀堵塞，使过滤难以继续进行。如果沉淀是胶状的,可在过滤前用加热的方法使其被破坏,以免胶状沉淀透过滤纸。

常用的过滤方法有常压过滤(普通过滤)、减压过滤(吸滤)及热过滤三种。

① 常压过滤

此法最为简单、常用。选择的漏斗大小应以能容纳沉淀量为宜。滤纸有定性滤纸和定量滤纸两种(无机定性实验常用定性滤纸),按照孔隙大小又分为“快速”“中速”“慢速”三种,可根据需要来选择使用。滤纸的大小应略低于漏斗边缘。

先把一片圆形或方形滤纸对折两次成扇形(方形滤纸需剪成扇形),展开后呈圆锥形恰能与60°角的漏斗相密合。如果漏斗的角度大于或小于60°,应适当改变过滤纸折成的角度使之与漏斗内壁相密合。然后在三层滤纸那边将外两层撕去一小角,用食指将滤纸按在漏斗内壁上。为加快过滤速度,应使漏斗颈部形成完整的水柱。为此,加蒸馏水至滤纸边缘,让水全部流下,漏斗颈部内应全部被水充满。若未形成完整水柱,可用手指堵住漏斗下口,稍掀起滤纸的一边用洗瓶向滤纸和漏斗空隙处加水,使漏斗和锥体被水充满,轻压滤纸边,放开堵住口的手指,即可形成水柱。

过滤时还应注意,漏斗应放在漏斗架上,要调整漏斗的高度,以使漏斗管末端紧靠接收器内壁。先倾倒溶液,后转移沉淀,转移时使用玻璃棒。倾倒溶液时,应使玻璃棒放于三层滤纸上方,漏斗中的液面高度应略低于滤纸边缘(1cm 左右)。

如果沉淀需要洗涤,应待溶液转移完毕,将少量洗涤剂倒入沉淀,然后用搅拌棒充分搅动,静置一段时间,待沉淀沉降后,将上方清液倒入漏斗过滤,如此重复洗涤两三遍,最后将沉淀转移到滤纸上。

② 减压过滤

此法可加速过滤,并使沉淀抽吸得较干燥,但不宜用于过滤颗粒太小的胶状沉淀。因为胶状沉淀在快速过滤时易透过滤纸。颗粒太小的沉淀易在滤纸上形成一层细密的沉淀,溶液不易透过。

抽气泵起到带走空气的作用,使吸滤瓶内气压变小,瓶内与布氏漏斗液面形成压力差,因而加快了过滤速度。

吸滤瓶用来承接滤液。

减压抽滤操作如下:

a. 如图 3-19-1 所示装置好仪器后,将滤纸放入布氏漏斗内,滤纸应略小于漏斗内径又能将全部小孔盖住为宜。用蒸馏水润湿滤纸,微开水门,抽气使滤纸紧贴在漏斗瓷板上。

b. 用倾析法先转移溶液，溶液量不应超过漏斗容量的2/3，开大水门，待溶液快流尽时再转移沉淀。

c. 注意观察吸滤瓶内液面高度，当快达到支管口位置时，应拔掉吸滤瓶上的橡皮管，从吸滤瓶上口倒出溶液，不要从支口倒出，以免弄脏溶液。

d. 洗涤沉淀时，应放小水门，使洗涤剂缓慢通过沉淀物，这样容易洗净。

e. 吸滤完毕或中间需停止吸滤时，应注意需先拆下连接抽气泵和吸滤瓶的橡皮管，然后关闭水龙头，以防反吸。

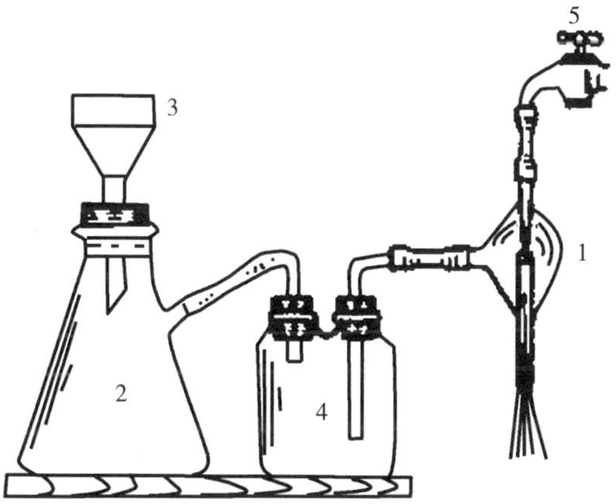

图3-19-1　减压过滤的装置

1—抽气泵；2—吸滤瓶；3—布氏漏斗；4—安全瓶；5—自来水龙头

如果过滤的溶液具有强酸性、强碱性或是强氧化性，溶液会破坏滤纸，此时可用玻璃纤维或玻璃砂芯漏斗等代替滤纸。

(3)蒸发(浓缩)

为了使溶质从溶液中析出，常采用加热的方法使水分不断蒸发，溶液不断浓缩而析出晶体。蒸发通常在蒸发皿中进行，因为它的表面积较大，有利于加速蒸发。注意加入蒸发皿中液体的量不得超过其容量的2/3，以防液体溅出。如果液体量较多，蒸发皿一次盛不下，可随水分的不断蒸发而继续添加液体。注意不要使瓷蒸发皿骤冷，以防炸裂。根据物质对热的稳定性不同，可以选用煤气灯直接加热或用水浴间接加热。若物质的溶解度较大，应加热到溶液表面出现晶膜时，停止加热。若物质的溶解度较小或高温时溶解度虽大但在室温下溶解度较小，降温后容易析出晶体，不必蒸至液面出现晶膜就可以冷却。

(4)结晶(重结晶)

① 结晶是提纯固态物质的重要方法之一。通常有两种方法：一种是蒸发法，

即通过蒸发或汽化，减少一部分溶剂而使溶液达到饱和而析出晶体，此法主要用于溶解度随温度改变而变化不大的物质(如氯化钠)；另一种是冷却法，即通过降低温度使溶液冷却达到饱和而析出晶体，这种方法主要用于溶解度随温度下降而明显减少的物质(如硝酸钾)，有时需将两种方法结合使用。

晶体颗粒的大小与结晶条件有关，如果溶质的溶解度小，或溶液的浓度高，或溶剂的蒸发速度快，或溶液冷却得快，析出的晶粒就细小；反之，就可得到较大的晶体颗粒。在实际操作中，常根据需要，控制适宜的结晶条件，以得到大小合适的晶体颗粒。

当溶液发生过饱和现象时，可振荡容器，用玻璃棒搅动或轻轻地摩擦器壁，或投入几粒小晶体(晶种)，促使晶体析出。

② 假如第一次得到的晶体纯度不合乎要求，可将所得晶体溶于少量溶剂中，然后进行蒸发(或冷却)、结晶、分离，如此反复的操作称为重结晶。有些物质的纯化，需经过几次重结晶才能使产品合乎要求。由于每次的母液中都含有一些溶质，所以应收集起来，适当处理，以提高产率。

2. 溶液与沉淀的分离方法

溶液与沉淀的分离方法有三种：倾析法、过滤法、离心分离法。

(1)倾析法

当沉淀的相对密度较大或晶体的颗粒较大，静止后能很快沉降至容器的底部时，常用倾析法进行分离和洗涤。

这样，将沉淀上部的溶液倾倒入另一容器中而使沉淀与溶液分离。如需洗涤沉淀时，只要向盛沉淀的容器内加入少量洗涤液，将沉淀和洗涤液充分搅动均匀。待沉淀沉降到容器的底部后，再用倾析法，倾去溶液。如此反复操作两三遍，即能将沉淀洗净。

(2)过滤法

(见本实验基本操作。)

(3)离心分离法

(见本实验后面的注释。)

思考题

1. 海盐的提纯过程中涉及哪些基本操作？操作方法和注意事项如何？

2. 由海盐制取试剂级氯化钠的原理是什么？在除去 Ca^{2+}，Mg^{2+} 和 SO_{42-} 时，为什么要先加 $BaCl_2$ 溶液，然后再加 Na_2CO_3 溶液？

3. 溶液浓缩时为什么不能蒸干?

注释:

1. 离心分离法

当被分离的沉淀量很少时,应采用离心分离法,其操作简单而迅速。实验室常用的有手摇离心机和电动离心机两种。操作时,把盛有混合物的离心管(或小试管)放入离心机的套管内,在该套管的相对位置上的空套管内放一同样大小的试管,其中装有与混合物等体积的水,以保持转动平衡。然后缓慢而均匀地摇动离心机,再逐渐加速,1～2min后,停止摇动,使离心机自然停下。在任何情况下,起动离心机都不能用力太猛,也不能用外力强制停止,否则会使离心机损坏而且发生危险。电动离心机的使用和注意事项与手摇离心机基本相同,由于其转速极快,更应注意安全。

由于离心作用,沉淀紧密地聚集于离心管下方尖端,上方的溶液是澄清的。可用滴管小心地吸出上方清液,也可将其倾倒出来。如果沉淀需要洗涤,可以加入少量的洗涤液,用玻璃棒充分搅动,再进行离心分离,如此重复操作两三遍即可。

2. 由海盐制试剂级氯化钠还可以采用氯化氢法

做法是将已除去泥沙、Ca^{2+}、Mg^{2+}等的饱和食盐溶液通入氯化氢气体,随着溶液中Cl^-浓度的增加,氯化钠晶体逐渐析出(氯化钠难溶于盐酸中),用减压过滤法将氯化钠晶体与溶液分离。

3. 试剂级氯化钠的国家标准

(1)根据中华人民共和国国家标准(GB/T 1266—2006),化学试剂氯化钠的技术条件为:

① 氯化钠含量不少于99.8%。

② 水溶液反应:合格。

③ 杂质最高含量(见表3-19-1所示)。

(2)产品检验按HG/T 3921—2006之规定进行取样和验收。测定中所需标准溶液、杂质标准液、制剂和制品按GB/T 601—2002,GB/T 602—2002,GB/T 603—2002之规定制备。

(3)根据GB/T 602—2002硫酸盐标准溶液的配制方法:称取0.148g于105℃～110℃干燥至恒重的无水硫酸钠,溶于蒸馏水,移入1000mL容量瓶中,稀释至刻度。

4. 0.1mol·L^{-1} NaOH标准溶液

(1)配制　将氢氧化钠配成饱和溶液,注入塑料筒中密闭放置至溶液澄清,使用前以塑料管虹吸上层清液。量取5mL氢氧化钠饱和溶液,注入1000mL不含二氧化碳的水中,摇匀。

表3-19-1　GB/T 1266—2006规定的杂质最高含量　　单位:%

名　称	优级纯	分析纯	化学纯
澄清度试验	合格	合格	合格
水不溶物	0.003	0.005	0.02
干燥失重	0.2	0.2	0.2

(续表)

名　称	优级纯	分析纯	化学纯
溴化物(Br^-)	0.02	0.02	0.1
碘化物(I^-)	0.002	0.002	0.012
硫酸盐(SO_{42-})	0.001	0.002	0.005
硝酸盐(NO_{3-})	0.002	0.002	0.005
氮化合物(N)	0.0005	0.001	0.001
镁(Mg)	0.001	0.002	0.005
钾(K)	0.01	0.02	0.04
钙(Ca)	0.005	0.007	0.01
铁(Fe)	0.0001	0.0003	0.0005
砷(As)	0.00002	0.00005	0.0001
钡(Ba)	合格	合格	合格
重金属(以Pb计)	0.0005	0.0005	0.001

(2)标定

① 测定方法

称取0.6g于105℃～110℃下烘干恒重的基准苯二甲酸氢钾,精确至0.0002g。溶于50mL不含二氧化碳的水中,加两滴1%酚酞指示液,用0.1mol·L^{-1} NaOH溶液滴定至溶液所呈粉红色与标准色相同,同时作空白试验。

注:标准色配制　量取80mL pH8.5的缓冲溶液,加两滴1%酚酞指示液,摇匀。

② 计算

NaOH标准溶液浓度按下式计算:

$$c=\frac{G}{\frac{(V_1-V_2)}{1000}\times 204.2}$$

式中:G——苯二甲酸氢钾质量(g);

V_1——氢氧化钠溶液用量(mL);

V_2——空白试验氢氧化钠溶液用量(mL);

204.2——$KHC_8H_4O_4$ 摩尔质量(g·mol^{-1})。

注:将水注入平底烧瓶中,煮沸半小时,立即用装有钠石灰管的胶塞塞紧,放置冷却,可得到。

5. 0.1mol·L^{-1} $AgNO_3$ 标准溶液

(1)配制　称取17.5g硝酸银,溶于1000mL水中,摇匀。溶液保存于棕色瓶中。

(2)标定　称取0.2g于500℃～600℃下灼烧至恒重的基准氯化钠,精确至0.0002g。溶于

70mL 水中，加 10mL 1%的淀粉溶液，在摇动下用 0.1mol・L^{-1} $AgNO_3$ 溶液避光滴定，近终点时，加 3 滴 0.5%荧光素指示剂，继续滴定至乳液呈粉红色。

$AgNO_3$ 标准溶液的浓度按下式计算：

$$c=\frac{G}{\frac{V}{1000}\times 58.44}$$

式中：G——氯化钠用量(g)；

V——硝酸银溶液用量(mL)；

58.44——NaCl 摩尔质量(g・mol^{-1})。

6. 0.5%荧光素指示液

称取 0.50g 荧光素(荧光黄或荧光红)溶于乙醇，用乙醇稀释至 100mL。

物质的分离和提纯

实验二十 硫酸亚铁铵的制备及纯度分析

【实验目的】

1. 制备复盐$(NH_4)_2SO_4 \cdot FeSO_4 \cdot 6H_2O$,了解复盐的特性。
2. 掌握无机制备的基本操作。
3. 初步了解纯度的检验方法和步骤。

【实验原理】

等物质的量的 $FeSO_4$ 与$(NH_4)_2SO_4$ 作用,能生成浅绿色的溶解度较小的硫酸亚铁铵$(NH_4)_2SO_4 \cdot FeSO_4 \cdot 6H_2O$,其商品名称为莫尔盐。反应式如下:

$$FeSO_4+(NH_4)_2SO_4+6H_2O = (NH_4)_2SO_4 \cdot FeSO_4 \cdot 6H_2O$$

一般亚铁盐在空气中易被氧化而呈黄色,但形成复盐后就比较稳定,因此在定量分析中常用来配制亚铁离子的标准溶液。

和其他复盐一样,$(NH_4)_2SO_4 \cdot FeSO_4 \cdot 6H_2O$ 在水中的溶解度比组成的每一组[$FeSO_4$ 或$(NH_4)_2SO_4$]的溶解度都要小。三种盐的溶解度数据如表 3-20-1 所示。

表 3-20-1 三种盐的溶解度 单位:g/100gH_2O

温度/℃	$FeSO_4 \cdot 7H_2O$	$(NH_4)_2SO_4$	$(NH_4)_2SO_4 \cdot FeSO_4 \cdot 6H_2O$
10	20.0	73.0	17.2
20	26.5	75.4	21.6
30	32.0	78.0	28.1

在酸性介质中,重铬酸钾与 Fe^{2+} 发生如下反应:

$$Cr_2O_7^{2-}+6Fe^{2+}+14H^+ = 2Cr^{3+}+6Fe^{3+}+7H_2O$$

反应生成 Cr^{3+},故溶液呈绿色。滴定过程中加入磷酸,以降低 Fe^{3+}/Fe^{2+} 电对的电极电位,使滴定曲线突跃部分下移,以便能使用二苯胺磺酸钠来准确指示滴定终点。

【仪器和试剂】

仪器:锥形瓶(250mL)、蒸发皿、玻璃棒、吸滤瓶、烧杯(100mL,250mL)、量筒

(25mL,10mL)、布氏漏斗、酸式滴定管、吸水纸、滤纸、容量瓶(100mL)、分析天平、台秤、吸量管。

试剂:硫磷混合酸(150mL 浓硫酸缓缓加入 700mL 水中,冷却后加入 150mL 浓磷酸混匀)、$FeSO_4 \cdot 7H_2O$,二苯胺磺酸钠(0.2%)、$(NH_4)_2SO_4$(s)、$K_2Cr_2O_7$标准溶液($1.0mol \cdot L^{-1}$左右)、浓 H_2SO_4。

【实验内容】

1. $(NH_4)_2SO_4 \cdot FeSO_4 \cdot 6H_2O$ 的制备

称取 4.2g $FeSO_4 \cdot 7H_2O$ 加入 100mL 烧杯中,加 8mL 蒸馏水,加 5 滴 H_2SO_4,再称取 2.5g $(NH_4)_2SO_4$ 倒入上述的溶液中,水浴溶解。水浴蒸发,浓缩至表面出现结晶薄膜为止。放置冷却,得$(NH_4)_2SO_4 \cdot FeSO_4 \cdot 6H_2O$ 晶体。减压过滤除去母液,抽干。将晶体取出,摊在两张吸水纸之间并轻压吸干。观察晶体的颜色和形状。称量,计算产率。

2. $(NH_4)_2SO_4 \cdot FeSO_4 \cdot 6H_2O$ 含量的测定

(1)$1/6K_2Cr_2O_7$标准溶液的配制

取 10.00mL $1.0mol \cdot L^{-1}$ $1/6K_2Cr_2O_7$溶液转移入 100mL 容量瓶中,稀释定容。

(2)测定含量

用差减法准确称取 0.8～1.2g(准确至 0.1mg),所制得的$(NH_4)_2SO_4 \cdot FeSO_4 \cdot 6H_2O$ 一份,放入 250mL 锥形瓶中,加 50mL H_2O 及 15mL 硫磷混合酸,滴加 6～8 滴二苯胺磺酸钠指示剂,用$\frac{1}{6}K_2Cr_2O_7$的标准溶液滴定至溶液呈现紫色或蓝紫色即为终点。

$$W[FeSO_4 \cdot (NH_4)_2SO_4 \cdot 6H_2O] = \frac{c\left(\frac{1}{6}K_2Cr_2O_7\right) \cdot V\left(\frac{1}{6}K_2Cr_2O_7\right) \cdot 10^{-3} M[(NH_4)_2SO_4 \cdot FeSO_4 \cdot 6H_2O]}{m_s} \times 100\%$$

思考题

1. 本实验计算$(NH_4)_2SO_4 \cdot FeSO_4 \cdot 6H_2O$ 的产率时,以 $FeSO_4$ 的量为准是否正确?为什么?

2. 浓缩$(NH_4)_2SO_4 \cdot FeSO_4 \cdot 6H_2O$ 时能否浓缩至干,为什么?

硫酸亚铁铵的制备及纯度分析

实验二十一　离子鉴定和未知物的鉴别

【实验目的】

1. 运用所学化学知识进行常见物质的鉴定或鉴别。
2. 进一步熟悉常见离子重要反应的基本知识。

【实验原理】

当一个试样需要鉴定或者一组未知物需要鉴别时,通常可根据以下几个方面进行判断。

1. 物态

(1)观察试样在常温时的状态,如果是固体要观察它的晶形。

(2)观察试样的颜色。这是判断试样的一个重要因素,溶液试样可根据离子的颜色,固体试样可根据化合物的颜色以及配成溶液后离子的颜色,预测哪些离子可能存在,哪些离子不可能存在。

(3)嗅闻试样的气味。

2. 溶解性

固体试样的溶解性也是判断试样的一个重要因素。首先试验试样是否溶于水,在冷水中怎样,热水中怎样。不溶于水的固体试样可能溶于酸或碱,因此再依次用盐酸(稀、浓)、硝酸(稀、浓)、氢氧化钠(稀、浓)试验其溶解性。

3. 酸碱性

酸或碱可直接通过对指示剂的反应加以判断。两性物质借助于既能溶于酸,又能溶于碱的性质加以判别。可溶性盐的酸碱性可用它的水溶液加以辨别,有时也可以根据试液的酸碱性来排除某些离子存在的可能性。

4. 热稳定性

物质的热稳定性是有差别的,有时差别很大。有的物质常温下就不稳定,有的物质灼热时易分解,还有的物质受热时易挥发或升华。所以可根据试样加热后的物相变化、颜色变化等现象进行判断。

5. 鉴定或鉴别反应

经过前面对试样的观察和初步试验，再进行相应的鉴定或鉴别反应，就能给出更准确的判断。在基础无机化学实验中，鉴定反应大致采用以下几种方式：

(1)通过与某些试剂反应，生成沉淀，或沉淀溶解，或放出气体。必要时再对生成的沉淀和气体做性质试验。

(2)其他特征反应。

(以上只是提供一个途径，遇到具体问题时可灵活运用。)

【仪器和试剂】

仪器：试管、滴管、试剂瓶。

试剂：CuO、MnO_2、$AgNO_3$、$Al(NO_3)_3$、$Pb(NO_3)_2$，$NaNO_3$、$Na_2S_2O_3$、NaCl、Na_2CO_3、$NaHCO_3$、Na_2SO_4；其他试剂自选。

思考题

1. 区分两瓶黑色粉末：一是 CuO，一是 MnO_2。

2. 盛有以下四种硝酸盐溶液的试剂瓶标签被腐蚀，试加以鉴别，并说明理由。

$AgNO_3$，$Al(NO_3)_3$，$Pb(NO_3)_2$，$NaNO_3$

3. 盛有下列六种固体钠盐的试剂瓶标签脱落，试加以鉴别，并说明理由。

$NaNO_3$，$Na_2S_2O_3$，NaCl，Na_2CO_3，$NaHCO_3$，Na_2SO_4

离子鉴定和未知物的鉴别

实验二十二　组分分析及测定

——混合碱含量的测定

【实验目的】

1. 了解多元弱酸盐滴定过程中 pH 值变化。

2. 掌握用“双指示剂”法测定 Na_2CO_3 和 $NaHCO_3$ 混合物或 Na_2CO_3 和 NaOH 混合物的原理和方法。

【实验原理】

混合碱是 Na_2CO_3 和 $NaHCO_3$ 或 Na_2CO_3 和 NaOH 等类似的混合物。所谓“双指示剂”法，就是在一次滴定中先后用两种不同的指示剂来指示滴定的两个终点。常用的指示剂是甲基橙和酚酞。

对 Na_2CO_3 和 $NaHCO_3$ 混合物含量的测定，首先以酚酞作指示剂，此时溶液呈红色，用 HCl 标准溶液滴定至无色，消耗的 HCl 体积为 V_1 mL，此时溶液中 Na_2CO_3 仅被中和成 $NaHCO_3$。

$$Na_2CO_3 + HCl = NaHCO_3 + NaCl$$

然后，再加甲基橙指示剂，继续滴定至溶液由黄色变为橙色，消耗的 HCl 体积为 V_2 mL，此时溶液中所有的 $NaHCO_3$ 全被中和：

$$NaHCO_3 + HCl = NaCl + H_2O + CO_2\uparrow$$

若组分为 Na_2CO_3 和 NaOH，则首先以酚酞作指示剂，此时溶液呈红色，用 HCl 标准溶液滴定至无色，消耗的 HCl 体积为 V_1 mL，此时溶液中 Na_2CO_3 仅被中和成 $NaHCO_3$，NaOH 被中和成 NaCl。

$$Na_2CO_3 + HCl = NaHCO_3 + NaCl$$

$$NaOH + HCl = NaCl + H_2O$$

然后，再加甲基橙指示剂，继续滴定至溶液由黄色变为橙色，消耗的 HCl 体积为 V_2 mL，此时溶液中所有的 $NaHCO_3$ 全被中和：

$$NaHCO_3 + HCl = NaCl + H_2O + CO_2\uparrow$$

注意：第一等量点观察要准确，当红色刚一褪去时就要停止滴定，否则，加入 HCl 过量后，溶液仍然是无色的，从颜色上看不出明显变化，但是，这势必造成第二等量点时 HCl 用量减少。

【仪器和试剂】

仪器：分析天平、称量瓶、酸式滴定管(50mL)、锥形瓶(250mL)、烧杯、洗瓶、容量瓶(250mL)、吸量管(10mL)、洗耳球、移液管。

试剂：HCl 标准溶液(2.5mol·L^{-1}左右)、酚酞指示剂(0.2%)、甲基橙指示剂(0.2%)、Na_2CO_3 和 $NaHCO_3$ 混合物样品(质量比 Na_2CO_3 ∶ $NaHCO_3$ = 8∶2)或 Na_2CO_3 和 NaOH 混合物(质量比 Na_2CO_3 ∶ NaOH = 8∶2)。

【实验内容】

1. 0.1mol·L^{-1}HCl 标准溶液的配制

用 10.00mL 吸量管移取 2.5mol·L^{-1}左右的 HCl 标液，放入 250mL 容量瓶中，定容摇匀，贴上标签得 0.1mol·L^{-1}左右的 HCl 标准溶液。

2. 混合碱试样的配制

用分析天平准确称取混合碱试样 1.8～2.2g 放入烧杯中，加适量蒸馏水使其溶解，然后移入 250mL 容量瓶，定容，备用。

3. 混合碱组分分析

用 25.00mL 移液管移取待测液至锥形瓶中，滴加两滴 0.2%酚酞指示剂，用所配 HCl 溶液滴定，边滴加边充分摇动，以免局部 Na_2CO_3 被直接滴至生成 CO_2 和 H_2O，滴定至酚酞红色变得非常淡或恰好褪去。记录所用盐酸体积 V_1。再向锥形瓶中滴加两滴 0.2%甲基橙指示剂后，继续以 HCl 标液滴定，至溶液由黄色变为橙色即为滴定终点，记录终点体积 V_2。

重复以上操作，平行测定 2～3 组。比较分析结果的准确性，取合理值进行数据处理。

(1)从 V_1、V_2 的关系，先判断混合物的组成；

(2)以不同混合物组成选择正确的公式计算其成分含量。

若为 Na_2CO_3 和 $NaHCO_3$ 混合物，则其数据处理为：

$$Na_2CO_3\% = \frac{\dfrac{V_1(HCl)}{1000} \cdot c(HCl) \cdot M(Na_2CO_3)}{W(样) \cdot \dfrac{25}{250}} \times 100\%$$

$$NaHCO_3\% \frac{\frac{V_2(HCl)-V_1(HCl)}{1000}\cdot c(HCl)\cdot M(NaHCO_3)}{W(样)\cdot\frac{25}{250}}\times 100\%$$

若为 Na_2CO_3 和 NaOH 混合物,则其数据处理为:

$$NaOH\% \frac{\frac{V_1(HCl)-V_2(HCl)}{1000}\cdot c(HCl)\cdot M(NaOH)}{W(样)\cdot\frac{25}{250}}\times 100\%$$

$$Na_2CO_3\%=\frac{\frac{V_2(HCl)}{1000}\cdot c(HCl)\cdot M(Na_2CO_3)}{W(样)\cdot\frac{25}{250}}\times 100\%$$

式中:c(HCl)为 HCl 浓度,$mol\cdot L^{-1}$;M(NaOH)为 NaOH 摩尔质量,$g\cdot mL^{-1}$;$M(Na_2CO_3)$为 Na_2CO_3 摩尔质量,$g\cdot mL^{-1}$;$M(NaHCO_3)$为 $NaHCO_3$ 摩尔质量,$g\cdot mL^{-1}$。

【数据记录与处理】

滴定编号 / 记录项目	1	2	3
HCl 溶液 V_1(mL)			
HCl 溶液 V_2(mL)			
$Na_2CO_3\%$			
平均值			
$NaHCO_3\%$(或 NaOH%)			
平均值			

【注意事项】

1. 混合碱是固态试样,应尽可能混合均匀,按取大样方法取样。
2. HCl 标准溶液总的耗用量为 V_1+V_2。

思考题

1. 采用双指示剂法测定混合碱时,试判断下列五种情况中混合碱的成分各是什么?

①$V_1>V_2>0$　②$0<V_1<V_2$　③$V_1=V_2=0$

④$V_1=0,V_2\neq0$　⑤$V_1\neq0,V_2=0$

2. 用盐酸滴定混合碱时，将试液在空气中放置一段时间后滴定，将会给测定结果带来什么影响？若到达第一等电点时，滴定速度过快或摇动不均匀，对测定结果有何影响？

组分分析及测定

实验二十三 水中钙、镁含量及化学耗氧量的测定

水中钙、镁含量及其总硬度的测定

【实验目的】

1. 了解水的硬度的测定意义和常用的硬度表示方法。
2. 掌握水的硬度的测定方法。

【实验原理】

水的硬度是指水中 Ca^{2+},Mg^{2+} 的含量。可以用对肥皂水产生沉淀程度来衡量其硬度,肥皂水产生沉淀的主要原因是水中含有金属离子。水中钙、镁离子的含量远比其他金属离子多。

由镁离子形成的硬度称为镁硬,由钙离子形成的硬度称为钙硬。总硬度的测定是测定 Ca^{2+},Mg^{2+} 的总量并折合为 CaO 来计算的。

各国对水的硬度表示方法不同。德国硬度是水质硬度表示的较早的一种方法,它以度(°)计,它表示 1L 水中含有 10mg CaO 时为 1°,称为一个硬度单位。水质分类为:0°～4°为很软水,4°～8°为软水,8°～16°为中等硬水,16°～30°为硬水,30°以上为很硬水。

硬度对工业用水关系很大,如锅炉给水,经常要进行硬度分析,为水的处理提供依据。

用 EDTA 测定钙、镁含量的方法是先测定钙、镁总量,再测定钙量,计算出镁量。

钙、镁总量的测定:调节溶液 pH 为 10,加少量铬黑 T 指示剂,用 EDTA 滴定。铬黑 T 和 EDTA 都能与 Ca^{2+},Mg^{2+} 生成配合物,其稳定性次序为:

$$CaY^{2-} > MgY^{2-} > MgIn^{-} > CaIn^{-}$$

因此加入铬黑 T 后,指示剂与 Mg^{2+} 结合生成紫红色配合物。随着 EDTA 的滴入,先与 Ca^{2+} 配位,其次与游离的 Mg^{2+} 配位最后夺取铬黑 T 配合物中的

Mg^{2+}，达到终点时呈现指示剂的纯蓝色。

钙含量的测定：调节溶液 pH 为 12，加少量钙指示剂，这时 Mg^{2+} 以 $Mg(OH)_2$ 沉淀析出，不干扰 Ca^{2+} 测定。钙指示剂与溶液中的 Ca^{2+} 生成红色配合物，当滴入 EDTA 时，EDTA 首先与游离的 Ca^{2+} 结合，而后夺取与钙指示剂结合的 Ca^{2+}，使溶液由红色变为蓝色，即为终点。

根据各自消耗的 EDTA 的物质的量分别计算水的总硬度和钙、镁的含量。

在滴定过程中，Fe^{3+}，Al^{3+} 离子的干扰用三乙醇胺掩蔽，Pb^{2+}，Cu^{2+}，Zn^{2+} 等金属离子用 KCN，Na_2S 掩蔽。

【仪器和试剂】

仪器：酸式滴定管、移液管（25mL）、锥形瓶（250mL）、量筒（10mL）、吸量管（10mL）。

试剂：NaOH 溶液（10%）、NH_3-NH_4Cl 缓冲溶液（pH＝10）、铬黑 T 指示剂，钙指示剂、EDTA 标准溶液（0.15mol·L^{-1}）、三乙醇胺（1∶2）、待测水样。

【实验内容】

1. EDTA 标准溶液的配制

用吸量管移取 10.00mL 的 0.15mol·L^{-1} EDTA 标准溶液于 250mL 容量瓶中，定容、备用。

2. 钙、镁总量的测定

取水样 50.00mL 置于 250mL 锥形瓶中，加入 1mL 三乙醇胺，5mLNH_3-NH_4Cl 缓冲溶液，少量铬黑 T 指示剂，用 EDTA 标准溶液滴定至终点，记录 EDTA 用量 V_1，重复测定两次。

3. 钙的测定

另取水样 50.00mL 置于 250mL 锥形瓶中，加入 1mL 三乙醇胺，5mL10% NaOH 摇匀。再加入钙指示剂少许，用 EDTA 标准溶液滴至溶液由红色变成蓝色，记录 EDTA 用量 V_2。重复测定两次。

4. 计算公式

$$(1)Ca^{2+}(mg\cdot L^{-1})=\frac{c(EDTA)\times\frac{V_2(EDTA)}{1000}\times M(Ca)\times 1000}{50.00}\times 1000$$

$$(2)Mg^{2+}(mg\cdot L^{-1})=$$

$$\frac{c(EDTA)\times\frac{V_1(EDTA)-V_2(EDTA)}{1000}\times M(Mg)\times 1000}{50.00}\times 1000$$

(3)水的总硬度

$$[CaO(mg \cdot L^{-1})]=\frac{c(EDTA)\times\frac{V_1(EDTA)}{1000}\times M(CaO)\times 1000}{50.00}\times 1000$$

【数据记录与处理】

记录项目 \ 滴定编号	1	2
EDTA 溶液 V_1(mL)		
EDTA 溶液 V_2(mL)		
Ca($mg \cdot L^{-1}$)		
平均值		
Mg($mg \cdot L^{-1}$)		
平均值		
CaO($mg \cdot L^{-1}$)		
平均值		

水中化学耗氧量测定

【实验原理】

水中除含有 NO_{2-},S^{2-},Fe^{2+} 等无机还原性物质外,还含有少量的有机物质。有机物质腐烂促使水中微生物繁殖,污染水质。

水中化学耗氧量(简称 COD)的大小是判断水质污染程度的主要指标之一。COD 是指在特定条件下,采用一定的强氧化剂处理水样时所需氧的量,用每升多少毫克 O_2 表示。

一般情况下多采用酸性高锰酸钾法测定化学耗氧量,此方法简便快速,适用于测定地面水、河水等污染不十分严重的水质。工业污水及生活污水中含有成分复杂的污染物,此时宜用重铬酸钾法。下面仅介绍酸性高锰酸钾法。

在酸性溶液中,加入过量的 $Na_2C_2O_4$ 溶液,使之与 $KMnO_4$ 充分反应,多余的 C_2O_{42-} 再用 $KMnO_4$ 溶液回滴。反应式如下:

$$4KMnO_4 + 6H_2SO_4 + 5C \xlongequal{} 2K_2SO_4 + 4MnSO_4 + 5CO_2\uparrow + 6H_2O$$

$$2MnO_{4-} + 5C_2O_4^{2-} + 16H^+ \xlongequal{} 2Mn^{2+} + 8H_2O + 10CO_2\uparrow$$

水样取后应立即进行分析。如需放置一段时间则可加少量硫酸铜以抑止生物对有机物的分解。

【仪器和试剂】

仪器：酸式滴定管、移液管（25mL）、锥形瓶（250mL）、量筒（10mL），吸量管（10mL）。

试剂：$\frac{2}{5}KMnO_4$ 标准溶液（$0.1mol \cdot L^{-1}$）、$Na_2C_2O_4$ 标准溶液（$0.1mol \cdot L^{-1}$）、H_2SO_4（$6mol \cdot L^{-1}$）、待测水样。

【实验内容】

1. $KMnO_4$ 标准溶液的配制

用吸量管移取 $\frac{2}{5}KMnO_4$ 溶液 10.00mL 放入 100mL 容量瓶中，稀释定容后装入酸式滴定管。

2. $Na_2C_2O_4$ 标准溶液的配制

用吸量管移取 $Na_2C_2O_4$ 溶液 10.00mL 放入 100mL 容量瓶中，稀释定容。

3. 滴定

移取水样 10.00mL，加入已稀释的 $\frac{2}{5}KMnO_4$ 溶液 25.00mL，加 10mL $6mol \cdot L^{-1}$ H_2SO_4 溶液，加入一粒沸石，煮沸 5min，趁热加 $Na_2C_2O_4$ 标准溶液 25.00mL，待褪色后用 $KMnO_4$ 滴定到浅红色，30s 不褪色，即为终点，记录体积 V。

4. COD 计算式

$$O_2(mg \cdot L^{-1}) = \frac{\left[(25.00+V)\times c\left(\frac{2}{5}KMnO_4\right) - 25.00\times c(Na_2C_2O_4)\right]\times 16\times 10^3}{10.00}$$

【数据记录与处理】

记录项目 \ 滴定编号	1	2
$KMnO_4$ 溶液（mL）		
COD（$mg \cdot L^{-1}$）		
平均值		

思考题

1. 水中化学耗氧量的测定有何意义?测定水中化学耗氧量有哪些方法?
2. 水中化学耗氧量的测定属于何种滴定方式?为何要采用这种方式测定?
3. 用草酸钠标定高锰酸钾溶液时,应严格控制哪些反应条件?
4. 水样中氯离子含量高时,为什么对测定有干扰?应采用什么方法消除?

【拓展阅读】

洗衣艺术:水硬度的意外发现

在20世纪80年代,科学家汤姆·瑞德(Tom Reed)在研究水硬度对家庭生活的影响时,遇到了一个有趣的发现。他的目标是了解水的硬度如何影响洗涤剂的效果,尤其是在洗衣过程中。

瑞德的实验室设置了多个洗衣机,分别用硬水和软水进行测试。他观察到,使用硬水的洗衣机比使用软水的洗衣机需要更多的洗涤剂,才能达到同样的清洁效果。最初,他认为这只是一个简单的化学反应,但随着实验的深入,他发现了一件有趣的事情。

在进行洗涤后,瑞德注意到,使用硬水的衣物上不仅有更多的泡沫,还有一种奇特的"水垢"图案。这种图案在白色衣物上尤其明显,形成了独特的"洗衣艺术"。他开始记录这些图案,并逐渐意识到,它们不仅是水垢的结果,还可能反映了水的流动和温度变化。

瑞德决定把这个发现分享给公众,他举办了一场小型展览,展示这些由水垢形成的艺术作品,吸引了不少参观者。人们不仅对水硬度和洗涤剂的关系产生了兴趣,还对水如何影响日常生活的方方面面有了更深入的理解。

科学探索中常常会出现意想不到的乐趣和发现。水的硬度不仅仅是一个化学概念,它在我们的生活中留下了独特的痕迹,让我们以一种新颖的视角来看待日常现象。

水中钙镁离子含量的测定

化学耗氧量的测定

实验二十四　乙酸乙酯的制备

【实验目的】

1. 通过乙酸乙酯的制备，了解利用有机酸合成酯的一般原理及方法。

2. 进一步掌握回流蒸馏、分液漏斗的使用、液体干燥等基本操作。

【实验原理】

乙酸和乙醇在浓 H_2SO_4 催化下生成乙酸乙酯，反应式为：

$$CH_3COOH + CH_3CH_2OH \xrightleftharpoons[110℃\sim120℃]{\text{浓 } H_2SO_4} CH_3COOCH_2CH_3 + H_2O$$

这是一个可逆反应，为了获得较高产率的酯，通常采用增加酸或醇的用量以及不断移去产物中的酯或水的方法来进行。本实验采用使用过量的乙醇来提高酯的产率。在工业生产中，一般采用加入过量的乙酸，使乙醇转化完全，避免由于乙醇和水及乙酸乙酯形成二元或三元恒沸物从而给分离带来困难。

反应完成后，没有反应完全的 CH_3COOH、CH_3CH_2OH 及反应中产生的 H_2O 分别用饱和 Na_2CO_3，饱和 $CaCl_2$ 及无水 $MgSO_4$ 除去。

【仪器和试剂】

仪器：铁架台、圆底烧瓶、(带支管)蒸馏烧瓶、球形冷凝管、直形冷凝管、橡皮管、温度计、分液漏斗、小三角烧瓶、烧杯、酒精灯、量筒。

试剂：冰醋酸、95%乙醇(化学纯)、饱和 Na_2CO_3 溶液、饱和 NaCl 溶液、固体无水 $MgSO_4$、沸石、饱和 $CaCl_2$ 溶液，浓 H_2SO_4。

【实验步骤】

1. 用量筒分别量取 12mL CH_3COOH、19mL CH_3CH_2OH 及 5mL 浓 H_2SO_4，置于圆底烧瓶中，充分混合后，加入几粒沸石，装上回流冷凝管。加热回流 30min，然后将装置改为蒸馏装置，加热蒸馏，直至在沸水浴上不再有馏出物为止，或蒸出反应物总体积的一半即 18mL 左右，得到粗乙酸乙酯。

2. 在馏出物中缓慢加入饱和 Na_2CO_3 溶液，直至不再有二氧化碳气体逸出，有机相用 pH 试纸测试呈中性为止。然后将液体转入到分液梨形漏斗中，摇匀振荡后静置分层，分去下层的水溶液，有机作用 10mL 的饱和 NaCl 溶液洗涤后，再每次用 10mL 的饱和 $CaCl_2$ 溶液洗涤两次，分去下层的溶液。酯层从上口倒入干燥的三角烧瓶中，并向三角烧瓶中加入无水 $MgSO_4$ 干燥。

3. 将干燥后的粗乙酸乙酯滤入 50mL 蒸馏烧瓶中，在水浴上进行蒸馏，收集 73℃～78℃馏分，产量约 10g。

纯乙酸乙酯的沸点为 77.6℃，折光率 n_D^{20} 1.3727。

4. 产物分析

色谱仪：上分 102G 型；检测器：热导池，桥电流 150mA；担体：白色硅藻土-102；固定液：邻苯二甲酸二壬酯(质量比 15%)，GDX-104，0.5m(装于柱后部)；柱温：100℃；载气：氢气；汽化温度：150℃；进样量：2μL；保留时间：水 28s，乙醇 41s，乙酸乙酯 98s，乙酸 186s。

【注意事项】

1. 反应的温度不宜过高，因为温度过高会增加副产物的产量。

本实验中涉及的副反应较多，如：

$$2CH_3CH_2OH \longrightarrow CH_3CH_2OCH_2CH_3 + H_2O$$

$$CH_3CH_2OH + H_2SO_4 \xrightarrow[\triangle]{} CH_3CHO + SO_2 + H_2O$$

2. 在洗液过程中，在用饱和 Na_2CO_3 溶液洗涤后，要用饱和 NaCl 溶液洗涤一次，然后再用饱和 $CaCl_2$ 溶液洗涤，否则，液体中如果残留有CO_3^{2-}，则会和 Ca^{2+} 生成 $CaCO_3$ 沉淀而造成分离困难。

3. 在分去下层水层时，一定要把分液漏斗的顶部塞子打开，否则不能分去下层水层。

4. 由于水与乙醇、乙酸乙酯形成二元或三元恒沸物，故在未干燥前已经是透明的溶液，因此，不能以产品是否透明作为是否干燥的标准，应以干燥剂加入后吸水情况而定，一般干燥时间为 20～30min，其间需不时摇动。

思考题

1. 酯化反应有何特点？实验中可采取哪些措施提高酯的产量？

2. 为什么要用饱和 NaCl 溶液洗涤？

乙酸乙酯的制备

实验二十五　阿司匹林的制备

【实验目的】

1. 掌握制备阿司匹林的实验方法，了解其反应原理。

2. 巩固并掌握重结晶提纯法。

【实验原理】

阿司匹林，学名乙酰水杨酸，是由水杨酸（邻羟基苯甲酸）和乙酸酐合成的。一百多年来，阿司匹林不仅是一个使用广泛、具有解热止痛作用和治疗感冒的药物，而且它也能有效抑制心脏病的发生和中风时血液凝块的形成。

化学反应式：

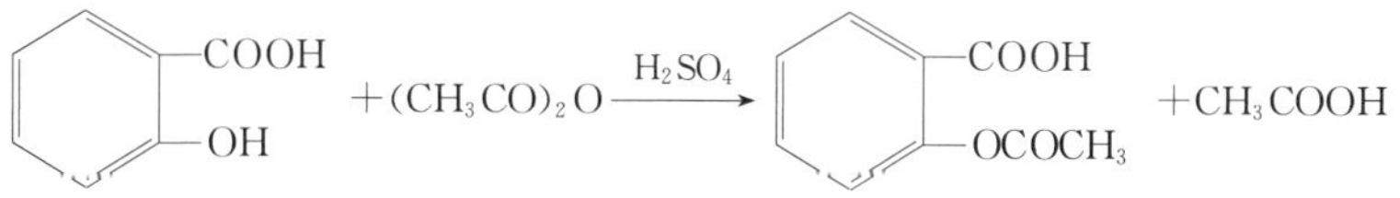

【仪器和试剂】

仪器：锥形瓶（50mL）、水浴锅、表面皿、台秤、量筒、温度计、酒精灯、烧杯、减压过滤装置和热过滤装置等。

试剂：水杨酸（6.3g）、乙酸酐（9.5g）、浓硫酸、三氯化铁溶液（$100g \cdot L^{-1}$）、活性炭。

【实验内容】

1. 产品制备

在50mL干燥的锥形瓶中放置6.3g（0.0456mol）干燥的水杨酸和9.5g（约9mL，0.093mol）的乙酸酐[1]，然后加10滴浓硫酸，充分振荡使固体全部溶解。在水浴上加热，保持瓶内温度在70℃左右，维持20min，同时振荡[2]。稍微冷却后，在不断搅拌下倒入100mL冷水中，并用冰水冷却15min，抽滤后，乙酰水杨酸粗产品用冰水洗涤两次，烘干得乙酰水杨酸粗产品，重约7.6g（产率约92.5%）。

此产品可用乙醇/水进行重结晶[3]，重结晶产品约6.5g，熔点134℃～136℃[4]。

乙酰水杨酸为白色针状结晶,熔点的文献值为136℃。

2. 产物分析

在两支试管中分别放置0.05g水杨酸和本实验制得的阿司匹林,再加入1mL乙醇使晶体溶解。然后在每个试管中加入几滴100g · L^{-1}三氯化铁溶液,观察其结果并加以对照,以确定产物中是否有水杨酸存在。

注释:

[1] 乙酸酐应当是新蒸的,收集139℃~140℃的馏分。

[2] 反应温度不宜过高。也可采用控制浴温在85℃~90℃,维持10min,温度过高将增加副产物的生成,如水杨酰水杨酸酯、乙酰水杨酰水杨酸酯。

[3] 重结晶时,其溶液不应加热过久,亦不宜用高沸点溶剂,因为这样会造成乙酰水杨酸的部分分解。

[4] 乙酰水杨酸易受热分解,因此熔点不是很明显,其分解温度为128℃~135℃,熔点为136℃。在测熔点时,可先将热载体加热到120℃左右,然后放入试样测定。

思考题

1. 在制备阿司匹林时加入浓硫酸的目的是什么?可以用其他浓酸代替吗?

2. 在制备阿司匹林实验中,有少量高聚物生成,用化学方程式表示它的生成。

3. 阿司匹林在沸水中受热时分解得到一种溶液,它对三氯化铁呈阳性试验,试做出解释并写出化学方程式。

4. 设计一实验方案,除去上述生成的少量高聚物,使粗产品纯化。

【拓展阅读】

你知道吗?阿司匹林与海洛因发明者为同一人!

被称为“百年神药”的阿司匹林与青霉素、安定并称“医药史上三大经典药物”,为人类减少死亡、延长寿命,尤其是为降低心梗死亡率提供了简单、经济而有效的手段。阿司匹林是对“水杨酸”药物的改进,早在公元前五世纪,水杨酸就被用来缓解疼痛和不适,但具有损伤胃黏膜,甚至导致胃出血的强烈副作用。1897年德国化学家、药剂师菲利克斯 · 霍夫曼(Felix Hoffmann)接到导师让他改进“水杨酸”、制造出更为稳定、副作用更小的药物的任务。霍夫曼梳理了一系列论文,找到了一种方法,即在水杨酸分子上加了一个乙酰基,发明了乙酰水杨酸,不仅解决了水杨酸的副作用问题,更是将疗效从原来的解热镇痛拓展到具有预防心血管疾病等更广阔的治疗领域。霍夫曼背后的拜耳公司为化学品乙酰水杨酸取了个商标名“阿司匹林”，为其生产技术和工艺在很多国家注册了专利权并于1899年上市且一举成名。演变到现在，拜耳公司成为德国第一大、世界第三大制药公司。

霍夫曼利用合成阿司匹林的经验，只用了11天就合成出毒品之王——二乙酰吗啡，其合成原理与阿司匹林类似，即将吗啡进行二乙酰化，但二乙酰化后的吗啡却成了高成瘾性的毒品—海洛因。霍夫曼先后研制出阿司匹林和海洛因两款产品，一个如天使般善良，解除了无数人的痛苦，一个却如魔鬼般可怕，伤害了亿万人的灵魂，这两款产品也让拜耳公司毁誉参半。

阿司匹林的制备

实验二十六 茶叶中咖啡因的提取

【实验目的】

1. 掌握从茶叶中提取生物碱的原理和方法。
2. 巩固和熟悉利用显微熔点测定仪测定纯净物的熔点的方法。

【实验原理】

茶叶中含有多种生物碱,其中以咖啡碱(Caffeine,即咖啡因)为主,约占 1%~5%,另外还含有可可豆碱、茶碱、丹宁酸(又名鞣酸,约占 11%~12%)、没食子酸及色素、纤维素、蛋白质等。咖啡碱化学结构式如下:

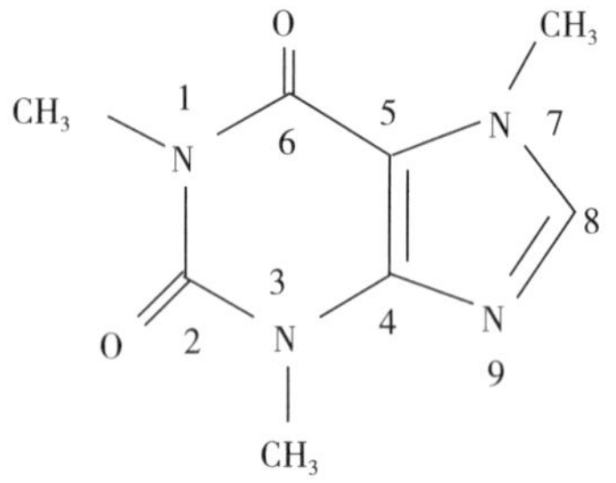

咖啡因的化学名称为 1,3,7—三甲基黄嘌呤,具有弱碱性,无臭、味苦,置于空气中,可以被风化,100℃时失去结晶水,并开始升华,120℃升华显著,178℃时升华很快。咖啡因易溶于氯仿、水、乙醇和热苯中[溶解性:1g 可溶于 46mL 水,5.5mL 热水(80℃),1.5mL 沸水,66mL 乙醇,22mL 热乙醇(60℃)及 5.5mL 氯仿]。而单宁酸易溶于水和乙醇,但不溶于苯。

提取粗咖啡因可采用水、醇或其他溶剂提取法等。水提法:用水做提取溶剂,通过简单的溶解浓缩除水得到粗咖啡因;醇提法:乙醇做提取溶剂,在索氏提取器中连续抽提,然后蒸去溶剂。本实验采用水提法从茶叶中提取粗咖啡因。粗咖啡因中还含有其他一些生物碱和杂质(如单宁酸)等,可利用升华法进一步提纯。

【仪器和试剂】

仪器:台秤、烧杯(250mL)、表面皿、丁字形玻璃棒、酒精灯、布氏漏斗、吸滤瓶、短颈漏斗、蒸发皿、滤纸、循环水真空泵、显微熔点测定仪等。

试剂：茶叶、氧化钙、蒸馏水、$CaCO_3$。

【实验步骤】

1. 称取 5g 茶叶、5g $CaCO_3$[1]转入盛有 75mL 蒸馏水的烧杯中，用小火加热煮沸 30min（其间加入少量的蒸馏水以弥补蒸发了的水分）。趁热过滤，将滤液倒入干净的烧杯中，浓缩至 10mL 左右，转入蒸发皿中并加入氧化钙[2] 2g，用小火焙干后研细备用（焙干时温度不宜过高，避免升华）。

2. 取一支合适的短颈漏斗，颈部用脱脂棉塞住[3]，罩在刺有许多小孔的滤纸的蒸发皿上，小心加热[4]进行升华（适当控制火焰，尽可能使升华速度放慢，提高结晶纯度），升华结束后冷却至室温，再揭开漏斗和滤纸，仔细观察滤纸上的晶体形状。

(3)收集产品，并测定其熔点。

咖啡因纯品为白色针状晶体，熔点为 236℃～238℃。

注释：

[1] 加入 $CaCO_3$ 的目的是使茶叶中的生物碱在弱碱性体系中充分游离出来，并使鞣酸水解成糖和没食子酸，从而溶解在水中。

没食子酸又叫五倍子酸，其结构如下：

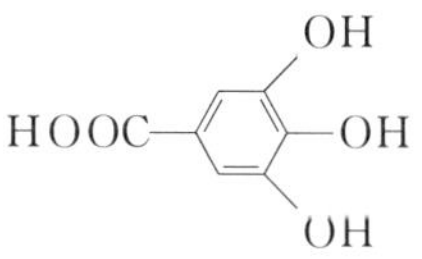

[2] 生石灰起吸水和中和作用，用以除去部分杂质。

[3] 升华时，漏斗颈应用一团棉花塞紧，以防升华的蒸气逸散出空气中，造成损失。滤纸要有足够的孔洞，以利蒸气升腾，且应使滤纸孔洞毛刺口朝上。升华初期，漏斗壁上会有水汽产生，应用棉花擦干。

[4] 升华操作是实验成败的关键，在升华的过程中始终都须严格控制加热温度，温度太高，会使被烘物碳化，把一些有色物带出来，导致产物不纯和损失。

思考题

1. 提取咖啡因时加入氧化钙和碳酸钙，它们各起什么作用？

2. 在升华的过程中应注意哪些事项？

3. 设计一实验方案，提取生物中的咖啡因。

茶叶中咖啡因的提取

实验二十七　乙酰苯胺的制备

【实验目的】

1. 掌握苯胺乙酰化反应的原理和实验操作方法。

2. 进一步熟悉固体有机物提纯的方法——重结晶法。

【实验原理】

芳香胺的芳环和氨基都容易起反应,在有机合成上为了保护氨基,往往先将其乙酰化为乙酰苯胺,再进行其他反应后水解除去乙酰基。

乙酰苯胺可通过苯胺与冰醋酸、醋酸酐或乙酰氯等试剂作用制得。其中苯胺与乙酰氯反应最激烈,醋酸酐次之,冰醋酸最慢,但用冰醋酸做乙酰化试剂价格便宜,操作方便。

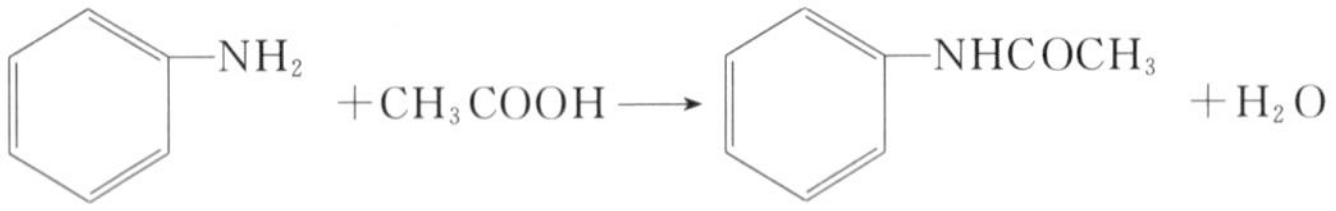

【仪器和试剂】

仪器:圆底烧瓶(150mL)、韦氏分馏柱、温度计(150℃)、烧杯、布氏漏斗、尾接管(或弯管)、玻璃棒、蒸发皿、酒精灯等。

试剂:苯胺、冰醋酸、锌粉、活性炭等。

【实验内容】

1. 安装仪器与添加试剂

在250mL圆底烧瓶中,放入10mL新蒸馏过的苯胺(10.2g,0.11mol),15mL冰醋酸(15.7g,0.25mol)及少许锌粉(约0.1g)[1],固定在铁架台上,再放上韦氏分馏柱,并在柱顶插上温度计,然后在韦氏分馏柱支管处接一尾接管(或弯管,即带乳胶管的导管),用烧杯或大试管收集从尾接管处馏出的水和乙酸。

2. 加热回流

将圆底烧瓶放在石棉网上用大火加热回流,并通过控制火焰强度使温度计读数保持在105℃左右约一小时，反应过程中生成水及少量乙酸被蒸馏出(约8mL)，当温度下降时表示反应已经到达终点，即可停止加热。

3. 冷却、抽滤与粗产品的洗涤

在不断搅拌下趁热将反应物倒入盛有200mL冷水的烧杯中[2]，待充分冷却后，用布氏漏斗抽滤分离已析出的粗产品并用少量水洗涤粗产品3～5次，除去残留的酸液。

4. 溶解

将粗产品全部转入一盛有300mL热水的500mL烧杯中，置于石棉网上加热溶解[3]，至形成高温(95℃～100℃)时的饱和状态[4]。

5. 脱色

待粗产品溶解后，停止加热数分钟，加入少许活性炭[5]，用玻璃棒搅动并煮沸5min左右，立即用热水漏斗趁热过滤。

6. 洗涤与干燥

当滤液充分冷却后抽滤，洗涤晶饼，最后将产品转移至干净的表面皿上，放进恒温干燥箱中十燥大约15min，待十燥后取出称重并测量其熔点[6]。

7. 计算产率

$$产率=\frac{实际产品重量}{理论产品重量}\times 100\%$$

注释：

[1] 加锌的目的是防止苯胺在反应过程中被氧化。

[2] 若反应物冷却，则有粗产品析出并粘在瓶壁上不易处理；另外还会影响产品的产率。

[3] 不同温度下100mL水溶解乙酰苯胺的质量如下：

t(℃)	100	80	50	25	20
w(g)	5.55	3.45	0.84	0.57	0.46

[4] 若沸腾时，仍有未溶解的油状物浮在液面上，此时可加入少量的水继续溶解，直至油状物完全溶解。(每次只能加3mL左右，若仍有，可再重复前面的操作。)

[5] 若滤液有颜色，则加入活性炭(1～2g)，在搅拌下，慢慢加热煮沸趁热过滤，滤渣用50mL热水冲洗，洗液并入滤液中，冷却使乙酰苯胺重新结晶析出。注意不要将活性炭加入沸腾的溶液中，否则沸腾的溶液会从容器中溢出。

[6] 纯的乙酰苯胺为无色片状晶体，熔点为114℃。

思考题

1. 反应时为什么要控制冷凝管上端的温度在105℃?
2. 用苯胺做原料进行苯环上的一些取代反应时,为何常要进行酰化?
3. 该实验中采用了哪些措施以提高乙酰苯胺的产率?

第四章　拓展实验

实验二十八　熔点的测定(毛细管法)

【实验目的】

1. 了解熔点测定的意义。
2. 掌握用毛细管法测定熔点的方法。

【实验原理】

在一定温度和压力下，将某一晶体物质的固液两相置于同一容器中，此时可能发生三种情况：固相迅速转化为液相，即固体熔化；液相迅速转化为固相，即液体固化；固液两相同时并存。这可以通过晶体物质的蒸气压与温度的曲线图（如图 3-28-1所示）来判断某一温度时哪种情况占优势。

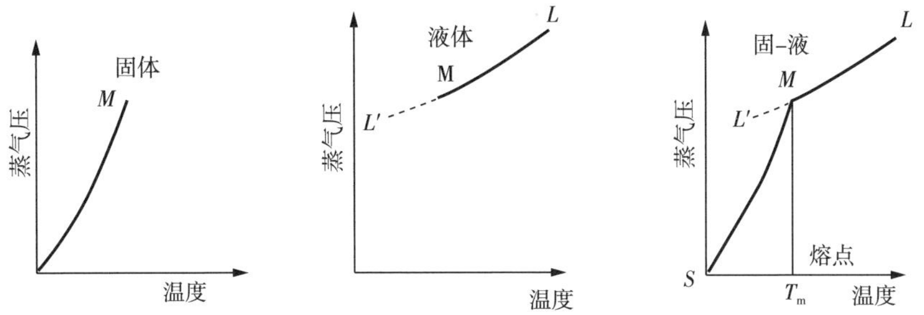

图 3-28-1　物质的温度与蒸气的曲线图

物质的熔点是指物质的固液两相在大气压下达成平衡时的温度 T_m。当温度

高于 T_m时,固相将全部转化为液相;若低于 T_m时,则液相转变为固相。

纯粹的固态物质通常都有固定的熔点,即在一定压力下,固液两相之间的变化对温度是非常敏锐的,从开始熔化(始熔)至完全熔化(全熔)的温度范围(熔程)较小,一般不超过 0.5℃～1℃。若该物质中含有杂质,则其熔点往往较纯粹物质的熔点低,而且熔程也较大。因此,熔点的测定常常可以用来识别和定性地检验物质的纯度。若测定熔点的样品为两种不同的有机物的混合物(如肉桂酸和尿素),它们各自的熔点均为 133℃,但把它们等量混合后,再测其熔点,则比 133℃低得多,而且熔程较大。这种现象叫作混合熔点下降,这种实验叫作混合熔点实验,是用来检验两种熔点相同或相近的有机物质是否为同一种物质的简便的物理方法。

本实验采用简便的毛细管法测定熔点,实际上由此法测得的不是一个温度点,而是熔化范围,所得的结果也常高于真实的熔点,但该方法可以作为一般纯度下的鉴定方法。

用毛细管法测定熔点时,温度计上的熔点读数与真实熔点之间常有一定的偏差,原因是多方面的,温度是一个重要影响因素。如温度计中的毛细管孔径不均匀,有时刻度不精确。温度计刻度有全浸式和半浸式两种。全浸式温度计的刻度是在温度计的汞线全部均匀受热的情况下刻出来的,在使用这类温度计测定熔点时仅有部分汞线受热,因而测出来的温度当然较全部受热者低。长期使用的温度计,其玻璃材质也可能发生体积变形使刻度不准。

为了消除上述误差,可选择几种已知熔点的纯粹有机化合物作为标准,以实测的熔点做纵坐标,测得的熔点与应有熔点的差值做横坐标,绘成曲线,从图中曲线上可直接读出温度计的校正值。

【仪器和试剂】

仪器:b 形管、毛细管、酒精灯、铁架台、玻璃棒、玻璃管、表面皿、温度计、缺口软木塞。

试剂:浓硫酸、未知样(固体)。

【实验步骤】

1. 将毛细管封口

将毛细管以向上倾斜 45°角伸入酒精灯火焰中,边烧边不停转动,使毛细管顶端受热均匀,直到顶端熔化为一光亮小球,说明已经封好。

2. 填装样品

取 0.1～0.2g 样品,置于干净的表面皿中,用玻璃棒研成粉末,聚成小堆,将毛细管开口一端插入粉末堆中，样品便被挤入管中。再把开口一端向上，通过一根长约 40cm 的中空玻璃管，使其自由落下，使粉末落入管底，重复操作，直至样品高 2～3mm为止。

3. 安装仪器

b形管又叫 Thiele 管、熔点测定管。将 b 形管夹在铁架台上，往其中装入浓硫酸至高出其上侧管 1cm 为宜。管口配一缺口单孔软木塞。把毛细管中下部用浓硫酸润湿后，将其紧附在温度计旁，样品部分应靠在温度计水银球的中部，或用橡皮圈将毛细管紧固在温度计上。要注意使橡皮圈置于距浓硫酸 1cm 以上的位置。将粘附有毛细管的温度计小心地插入 b 形管中，插入的深度以水银球恰在 b 形管两侧管的中部为准。加热时火焰须与 b 形管的倾斜部分接触。

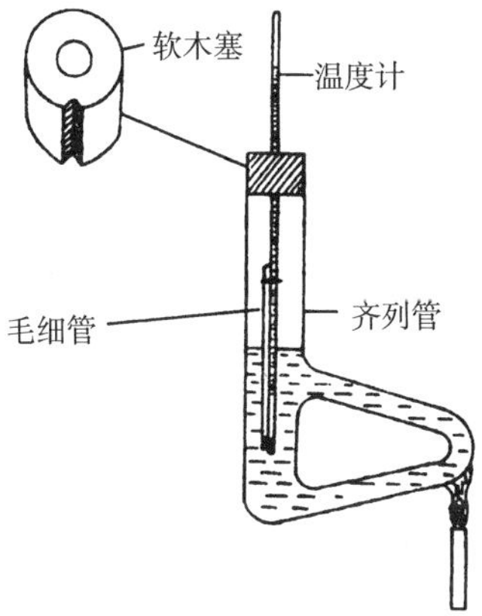

图 3－29－2　熔点测定装置

凡是熔点在 300℃以下的样品，均可利用浓硫酸作为浴液。如果是长期没有用过的硫酸，应先将其逐渐加热去掉些水分。

4. 测定熔点

初始加热时，可按每分钟 3℃～4℃的速度升高温度。当温度升高至与待测样品的熔点相差 10℃～15℃时，减弱加热火焰，使温度缓慢而均匀地以每分钟 1℃的速度上升。注意观察毛细管中样品的变化。当毛细管中样品开始塌落并湿润时，且出现有小滴液体，为始熔，记下温度；当毛细管中样品全部转为液体时，为全熔温度，记下读数。由始熔到全熔的温度范围即为此样品的熔化范围，又称熔程。熔点测定，至少要有两次的重复数据。每一次测定必须用新的毛细管另装样品，不得将已测过熔点的毛细管冷却，使样品固化后再做第二次固定。因为有时某些化合物部分分解，有些经过加热，会转变为具有不同熔点的其他结晶形式。注意，再次测定时，须等浴液冷却至低于此样品熔点的 20℃～30℃时，才能开始。

测定未知物的熔点时，应先对样品粗测一次，加热可以稍快，找出大概熔程后，再认真测两次。

混合样品的熔点测定至少要测定三种比例，即 1∶9，1∶1 和 9∶1。

实验完毕，要等温度计自然冷却至接近室温时，才能用水冲洗。浓硫酸要冷至室温时，方可倒回原试剂瓶。

【注意事项】

1. 毛细管法是实验室中测点熔点较为常用的方法。目前已有更为先进的仪器,如显微熔点测定仪、自动熔点测定仪等。这些仪器的特点是操作方便、读数准确、试剂用量少。

2. 用浓硫酸做热浴液时,应特别小心,防止灼伤皮肤,不要让杂质、样品或其他有机物接触浓硫酸,否则会使浓硫酸变黑,有碍熔点的观察。如果浓硫酸发黑,可在其中加入少许硝酸钾晶体,加热后可使之脱色。

思考题

1. 已测得甲、乙两样品的熔点均为 130℃,将它们以任意比例混合后测得的熔点仍为 130℃,这说明什么?

2. 加热的快慢为什么会影响熔点? 在什么情况下加热可以快一些? 什么情况下加热则要慢一些? 如果样品混合不均匀会产生什么不良结果?

3. 是否可以用第一次熔点测定时用过的毛细管再做第二次测定呢? 为什么?

实验二十九　铵盐中氮的测定(甲醛法)

【实验目的】

1. 了解酸碱滴定法的应用,掌握甲醛法测定铵盐中氮含量的原理和方法。
2. 了解取样的基本原则。

【实验原理】

铵盐 NH_4Cl 和 $(NH_4)_2SO_4$ 是常用的无机化肥,是强酸弱碱盐,可用酸碱滴定法测定其含氮量。但由于 NH_4^+ 的酸性太弱($K_a=5.6\times10^{-10}<10^{-7}$),直接用碱滴定有困难。所以,生产和实验室中广泛采用甲醛法。

铵盐与甲醛作用生成等物质的量的酸(质子化的六次甲基四胺和 H^+),化学反应式为:

$$4NH_4^+ + 6HCHO \rightleftharpoons (CH_2)_6N_4H^+ + 3H^+ + 6H_2O$$

反应生成的酸可用 NaOH 标准溶液滴定。由于生成的 $(CH_2)_6N_4$ 是一种弱碱($K_b=1.4\times10^{-9}$),等量点时溶液 pH 值约为 8.7,因此选用酚酞作指示剂。

由反应可知,4mol NH_4^+ 与甲醛作用,生成 1mol $(CH_2)_6N_4H^+$ 和 3molH^+,即 1molNH_4^+ 相当于 1mol 酸。

实际应用中,由于试样不够均匀,应称取较多的试样溶解于烧杯中,定量转移至容量瓶,然后吸取其中的一部分进行测定,这种测定的结果更具代表性,该取样方法称为取大样。

【仪器和试剂】

仪器:分析天平(0.1mg)、碱式滴定管(50mL)、移液管、容量瓶(250mL)、锥形瓶(250mL)、烧杯(100mL)。

试剂:$(NH_4)_2SO_4$ 试样、NaOH 标准溶液(2.5mol·L^{-1}左右)、酚酞指示剂 0.2%、甲醛溶液 1∶1 或 20%。

【实验内容】

1. $(NH_4)_2SO_4$ 试液的配制

准确称取 $(NH_4)_2SO_4$ 样品 1.40～1.70g 于 100mL 烧杯中,加 50mL 蒸馏水

溶解,然后定量转移至 250mL 容量瓶中,定容,备用。

2. 0.1mol·L^{-1}NaOH 溶液的配制

用移液管吸取 2.5mol·L^{-1}左右的 NaOH 标准溶液 10.00mL 于 250mL 的容量瓶中定容,摇匀,贴上标签,得到 0.1mol·L^{-1}左右的 NaOH 标准溶液。

3. $(NH_4)_2SO_4$ 溶液中氮含量的测定

用移液管移取 25.00mL$(NH_4)_2SO_4$ 试液于 250ml 锥形瓶中,加入已处理的甲醛溶液 5mL,摇匀,放置 5min,加 1~2 滴 0.2%酚酞指示剂,用 NaOH 标准溶液滴定至溶液呈淡红色,持续 30s 不褪色,即为终点,所用 NaOH 溶液为 V。平行测定 3 次,要求平均偏差不大于 0.5%,根据 NaOH 标准溶液的浓度和滴定时所消耗的体积,按下式计算试样中氮的百分含量。

$$N\% = \frac{1}{W(\text{样})} \times \frac{V_{NaOH} \cdot c_{NaOH}}{1000} \times 14.01 \times \frac{250}{25.00} \times 100\%$$

式中:c_{NaOH} 为 NaOH 的浓度,mol·L^{-1};V_{NaOH} 为滴定消耗 NaOH 的体积,mL;W(样)为试样质量,g。

【数据记录与处理】

记录项目 \ 滴定编号	1	2	3
NaOH 溶液(mL)			
N%			
平均值			

【注意事项】

1. 甲醛常以白色聚合状态存在,成为多聚甲醛,但该多聚甲醛不影响测定。

2. 试样有时需要预处理,其方法为:加入 1~2 滴甲基红做指示剂,溶液呈红色,用 NaOH 标准溶液滴定红色转变为金黄色,再加入甲醛,目的是除去试样中可能存在的游离酸。

思考题

1. 铵盐中氮的测定为何不采用 NaOH 直接滴定法?

2. 计算称取试样量的原则是什么? 本实验试样量如何计算?

实验三十　莫尔法测定生理盐水中 NaCl 的含量

【实验目的】

1. 学习银量法测定氯的原理和方法。
2. 掌握莫尔法的实际应用。

【实验原理】

某些可溶性氯化物中氯含量的测定可采用银量法。银量法根据所用指示剂不同又分为莫尔法、佛尔哈德法和法扬司法。

本实验采用莫尔法。此方法是在中性或弱碱性溶液中，以 K_2CrO_4 为指示剂，用 $AgNO_3$ 标准溶液进行滴定。由于 AgCl 的溶解度比 Ag_2CrO_4 小，因此溶液中首先析出 AgCl 沉淀，当 AgCl 定量沉淀后，过量一滴 $AgNO_3$ 溶液即与 CrO_4^{2-} 生成砖红色 Ag_2CrO_4 沉淀，指示到达终点。

主要反应式如下：

$$Ag^+ + Cl^- \longrightarrow AgCl\downarrow \text{（白色）} \qquad K_{sp}=1.8\times10^{-10}$$

$$2Ag^+ + CrO_4^{2-} \longrightarrow Ag_2CrO_4\downarrow \text{（砖红色）} \qquad K_{sp}=2.0\times10^{-12}$$

【仪器和试剂】

仪器：马福炉、分析天平、坩埚、坩埚钳、干燥器、容量瓶、称量瓶、锥形瓶、移液管、酸式滴定管。

试剂：NaCl（基准试剂）、$AgNO_3$（A. R.）、K_2CrO_4（5%）、生理盐水。

【实验内容】

1. $0.1mol\cdot L^{-1}$ $AgNO_3$ 标准滴定溶液的配置与标定

$AgNO_3$ 标准滴定溶液可由基准工作试剂 $AgNO_3$ 直接配置。在分析天平上精确称量所需基准工作试剂 $AgNO_3$，在烧杯中加入不含 Cl^- 的蒸馏水，溶解后，将溶液完全转入容量瓶中，用水稀释至标线，计算其准确浓度。

2. 本实验则采用与测定氯化物含量时相同的方法——莫尔法进行标定后使用

(1)NaCl 基准试剂在500℃～600℃灼烧半小时后，放入干燥器冷却。

(2)称取1.7g $AgNO_3$，溶于不含Cl^-的蒸馏水中，并用不含Cl^-的蒸馏水稀释至100mL。如欲保存，则需置于棕色试剂瓶中，在暗处保存，以防止见光分解。

(3)标定时，准确称取0.15～0.2g 基准 NaCl 三份，分别置于三个锥形瓶中，各加25mL蒸馏水溶解后，加入5%K_2CrO_4 1mL，在充分摇动下，用$AgNO_3$溶液滴定至溶液刚呈现稳定的砖红色即为终点。记录$AgNO_3$溶液用量，计算$AgNO_3$的浓度(mol/L)。

3. 测定生理盐水中 NaCl 含量

将生理盐水稀释1倍后，用移液管准确移取25.00mL已稀释的生理盐水于锥形瓶中，加入5%K_2CrO_4 1mL，在充分摇动下，用标准$AgNO_3$溶液滴定至刚呈现稳定的砖红色即为终点。平行测定三次，计算生理盐水中 NaCl 的含量。

【注意事项】

1. 滴定必须在中性或碱性溶液中进行，最适宜 pH 值范围为6.5～10.5。如有铵盐存在，溶液的 pH 值最好控制在6.5～7.2。

2. 指示剂的用量对滴定有影响，一般以5×10^{-3} mol·L^{-1}为宜。

3. 凡是能与Ag^+生成难溶性化合物或配合物的阴离子都干扰测定，如PO_4^{3-}，AsO_4^{3-}，AsO_3^{3-}，S^{2-}，SO_3^{2-}，CO_3^{2-}，$C_2O_4^{2-}$等。其中H_2S可加热煮沸除去，将SO_3^{2-}氧化成SO_4^{2-}后不再干扰测定。

4. 大量的Cu^{2+}，Ni^{2+}，Co^{2+}等有色离子将影响终点的观察。

5. 凡是能与CrO_4^-指示剂生成难溶化合物的阳离子也干扰测定，如Ba^{2+}，Pb^{2+}能与CrO_4^-分别生成$BaCrO_4$和$PbCrO_4$沉淀。Ba^{2+}的干扰可加入过量Na_2SO_4消除。

6. Al^{3+}，Fe^{3+}，Bi^{3+}，Sn^{4+}等高价金属离子在中性或弱碱性溶液中易水解产生沉淀。

思考题

莫尔法测定Cl^-时，为什么溶液的 pH 值范围应控制在6.5～10.5?

实验三十一 过氧化氢的测定

【实验目的】

掌握用高锰酸钾测定过氧化氢含量的原理和方法。

【实验原理】

市售的 H_2O_2(又称双氧水)浓度一般为 30%左右,在实验室中常保存在塑料瓶内,置于暗处。在酸性介质中,$KMnO_4$ 与 H_2O_2 发生如下反应:

$$2MnO_4^- + 5H_2O_2 + 6H^+ \xlongequal{\quad} 2Mn^{2+} + 5O_2\uparrow + 8H_2O$$

开始时反应速度慢,滴入第 滴 $KMnO_4$ 不易褪色,待 Mn^{2+} 生成后,由丁自动催化作用,能加快反应速度,故能顺利地滴定至终点。

过氧化氢含量通常用重量/体积百分浓度表示。

【仪器和试剂】

仪器:移液管(10mL)、容量瓶(100mL)、酸式滴定管(50mL)、锥形瓶(250mL)、量筒(10mL)。

试剂:$KMnO_4$ 标准溶液 $\left[c\left(\frac{2}{5}KMnO_4\right)0.5mol\cdot L^{-1}左右\right]$、$H_2O_2$(≈3%)、$H_2SO_4$($6mol\cdot L^{-1}$)。

【实验内容】

1. $0.05mol\cdot L^{-1}KMnO_4$ 溶液的配制

用移液管移取 10.00mL $c\left(\frac{2}{5}KMnO_4\right)$ 为 $0.5mol\cdot L^{-1}$ 左右的 $KMnO_4$ 标准溶液入 100mL 容量瓶中,加水稀释至刻度,定容备用。

2. H_2O_2 溶液的配制

用 10mL 移液管吸取 10.00mL 的 3%H_2O_2 于 100mL 容量瓶中,加水稀释至刻度,充分摇匀备用。

3. 滴定

准确吸取稀释后 H_2O_2 溶液 10.00mL 于 250mL 锥形瓶中,加 $6mol\cdot L^{-1}$

H_2SO_4 10mL,再加入30mL水稀释,然后用$KMnO_4$标准溶液滴定,缓慢滴定至溶液呈浅红色,半分钟不褪色,停止滴定,记录$KMnO_4$体积V,计算H_2O_2含量。如上操作,平行测定2～3组。

$$H_2O_2\% = \frac{c\left(\frac{2}{5}KMnO_4\right) \cdot \frac{V(KMnO_4)}{1000} \cdot M(H_2O_2)}{10.00} \times \frac{100}{10} \times 100\%$$

【数据记录与处理】

滴定编号 / 记录项目	1	2	3
$KMnO_4$ 溶液(mL)			
$H_2O_2\%$			
平均值			

思考题

1. $KMnO_4$法测定H_2O_2含量,为什么不能在加热条件下滴定?
2. 用$KMnO_4$法测定H_2O_2含量时,能否用HNO_3、HCl、HAc调节酸度?

实验三十二　$K_2Cr_2O_7$法测定铁的含量

【实验目的】

1. 掌握 $K_2Cr_2O_7$标准溶液的配制方法。

2. 掌握 $K_2Cr_2O_7$法测定亚铁盐中亚铁含量的原理、测定条件及氧化还原指示剂的应用。

【实验原理】

在强酸性溶液中 $K_2Cr_2O_7$可定量氧化 Fe^{2+}，本身被还原成绿色的 Cr^{3+}，指示剂为二苯胺磺酸钠，滴定反应式为：

$$6Fe^{2+}+Cr_2O_7^{2-}+14H^{+}=\!=\!=6Fe^{3+}+2Cr^{3+}+7H_2O$$

由于滴定过程中生成的 Fe^{3+} 离子，会影响终点的判断，故常加入 H_3PO_4 使之与 Fe^{3+} 离子结合生成稳定的无色配离子$[Fe(HPO_4)_2]^-$，消除 Fe^{3+} 颜色的干扰。这一操作更重要的作用是降低了 Fe^{3+} 的浓度，从而降低 Fe^{3+}/Fe^{2+} 的电极电位，滴定电位突跃范围增大，使 $Cr_2O_7^{2-}$ 与 Fe^{2+} 之间的反应更完全，二苯胺磺酸钠指示剂变色范围全部落在突跃范围内，防止指示剂提前变色而产生滴定误差。

【仪器和试剂】

仪器：分析天平、酸式滴定管、锥形瓶(250mL)、小烧杯(100mL)、量筒、容量瓶(100mL)。

试剂：$H_2SO_4-H_3PO_4$ 混合酸(将 150mL 浓 H_2SO_4 缓缓加入 700mL 水中，冷却后加入 150mL 85%H_3PO_4 混匀)、$K_2Cr_2O_7$分析纯、$FeSO_4$ 样品、二苯胺磺酸钠指示剂 0.2%。

【实验内容】

1. $K_2Cr_2O_7$标准溶液的配制

准确称取烘干的 $K_2Cr_2O_7$约 0.6g 于小烧杯中，加 30mL 左右蒸馏水使之溶解，定量转移至 100mL 容量瓶中，加水定容至刻度，摇匀，计算其准确浓度。

2. Fe^{2+}的测定

准确称取约0.6g$FeSO_4$样品两份,分别置于已编号的两个250mL锥形瓶中,加入15mL$H_2SO_4-H_3PO_4$混合酸,加水20mL,加入5～6滴0.2%二苯胺磺酸钠指示剂,立即用自配的$K_2Cr_2O_7$标准溶液滴定至溶液呈稳定紫色,即达到滴定终点。

【数据记录与处理】

滴定编号 / 记录项目	1	2	3
$m(FeSO_4)(g)$			
$V(K_2Cr_2O_7)(mL)$			
$w(Fe)(\%)$			
平均值			

计算公式:

$$c\left(\frac{1}{6}K_2Cr_2O_7\right)=\frac{m(K_2Cr_2O_7)}{M\left(\frac{1}{6}K_2Cr_2O_7\right)\times V\left(\frac{1}{6}K_2Cr_2O_7\right)}\times 1000(mol\cdot L^{-1})$$

$$w(Fe)=\frac{c\left(\frac{1}{6}K_2Cr_2O_7\right)V\left(\frac{1}{6}K_2Cr_2O_7\right)M(Fe)}{m_s}\times 100\%$$

注意:在酸性溶液中,Fe^{2+}易被氧化,故加入$H_2SO_4-H_3PO_4$混合酸后,应立即滴定。

思考题

1. 用$K_2Cr_2O_7$测铁时,为什么要加入$H_2SO_4-H_3PO_4$的混合酸溶液?

2. 加有H_2SO_4的Fe^{2+}待测溶液在空气中放置1h后再滴定,对测定结果有何影响?

实验三十三　碘量法测定胆矾中铜的含量

【实验目的】

1. 掌握 $Na_2S_2O_3$ 标准溶液的配制方法。

2. 掌握间接碘量法测定胆矾中铜含量的原理和方法。

3. 熟悉滴定分析操作中的掩蔽技术。

【实验原理】

胆矾($CuSO_4 \cdot 5H_2O$)中的铜含量常用间接碘量法测定，Cu^{2+} 与过量 I^- 发生如下反应：

$$2Cu^{2+} + 4I^- \rightleftharpoons 2CuI\downarrow + I_2$$

$$I_2 + I \rightleftharpoons I_3^-$$

生成的 I_2 用 $Na_2S_2O_3$ 标准溶液滴定，以淀粉为指示剂，滴定至溶液的蓝色刚好消失即为终点，由此计算样品中铜的含量。

$$I_2 + 2S_2O_3^{2-} = 2I^- + S_4O_6^{2-}$$

由于 CuI 沉淀强烈吸附 I_3^-，致使分析结果偏低，为了减少 CuI 沉淀对 I_3^- 的吸附，可在大部分 I_2 被 $Na_2S_2O_3$ 溶液滴定后，再加入 KSCN，使 CuI($K_{sp}=5.06\times10^{-12}$)转化为溶解度更小的 CuSCN($K_{sp}=4.8\times10^{-15}$)

$$CuI + SCN^- = CuSCN\downarrow + I^-$$

CuSCN 对 I_3^- 的吸附较小，因而可提高测定结果的准确度。KSCN 只能在接近终点时加入，否则 SCN^- 可能直接还原 Cu^{2+} 而使结果偏低：

$$6Cu^{2+} + 7SCN^- + 4H_2O = 6CuSCN\downarrow + SO_4^{2-} + HCN + 7H^+$$

为了防止 Cu^{2+} 的水解及满足碘量法的要求，反应必须在微酸性介质中进行(pH 为 3～4)。控制溶液的酸度常用 H_2SO_4 或 HAc，而不用 HCl，因 Cu^{2+} 易与 Cl^- 生成 $CuCl_4^{2-}$ 配离子不利于测定。

若试样中含有 Fe^{3+}，对测定有干扰，因发生反应：

$$2Fe^{3+}+2I^{-}=2Fe^{2+}+I_2$$

使结果偏高,可加入 NaF 或 NH_4F,将 Fe^{3+} 掩蔽为 FeF_6^{3-}。

【仪器和试剂】

仪器:碱式滴定管、锥形瓶、烧杯、移液管、量筒、电子天平。

试剂:$K_2Cr_2O_7$ 标准溶液(0.02mol·L^{-1})、H_2SO_4 溶液(1mol·L^{-1})、淀粉溶液(0.5%)、KI 溶液(10%)、KSCN 溶液(10%)、$Na_2S_2O_3$ 溶液。

【实验内容】

1. $Na_2S_2O_3$ 溶液的标定

用 25mL 移液管准确吸取 25.00mL 0.02mol·L^{-1} $K_2Cr_2O_7$ 标准溶液放入 250mL 锥形瓶中,加 10mL 10%KI 溶液和 1mol·L^{-1} H_2SO_4 溶液 15mL,充分摇匀后用表面皿盖好。放在暗处 5min 之后,取出加入 50mL 蒸馏水稀释,用待标定的 $Na_2S_2O_3$ 溶液滴定到呈浅黄绿色,然后加入 0.5%淀粉溶液 5mL,继续滴定到蓝色消失而变为的绿色即为终点,平行标定 2~3 次。根据所取的 $K_2Cr_2O_7$ 溶液的体积、浓度及滴定中消耗 $Na_2S_2O_3$ 溶液的体积,计算 $Na_2S_2O_3$ 溶液的浓度。

2. 铜含量的测定

准确称取硫酸铜试样 0.5~0.6g(称准至 0.0001g)两份,分别置于两个 250mL 锥形瓶中,加 1mol·L^{-1} H_2SO_4 溶液 5mL 并用 100mL 蒸馏水溶解。加 10mL 10%KI 溶液,立即用 $Na_2S_2O_3$ 标准溶液滴定至浅黄色,然后加入 3mL 0.5%淀粉溶液,继续滴定到呈浅蓝色,再加入 10mL 10%KSCN,摇匀后,溶液蓝色转深,继续用 $Na_2S_2O_3$ 标准溶液滴定至蓝色刚好消失,此时溶液为米色 CuSCN 悬浮液。根据滴定结果,计算硫酸铜中铜的百分含量。

按下式计算铜的百分含量:

$$Cu\%=\frac{c(Na_2S_2O_3)\cdot\frac{V(Na_2S_2O_3)}{1000}\cdot M(Cu)}{W_{样}}\times 100$$

思考题

1. 硫酸铜易溶于水,溶解时为什么还要加硫酸?

2. 测定铜含量时,加入 KI 为何要过量?此量是否要求很准确?加 KSCN 的作用是什么?为什么只在临近终点前才能加入 KSCN?

3. 测定反应为什么一定要在弱酸性溶液中进行?

实验三十四　维生素 C 含量的测定

【实验目的】

1. 了解直接碘量法测定的原理和方法。
2. 了解测定维生素 C 含量的操作。

【实验原理】

维生素 C 是人体所需的重要的营养素之一，缺乏时会导致人体得坏血病，故维生素 C 又称抗坏血酸，属水溶性维生素。

维生素 C 分子结构中的烯二醇基具有还原性，能被 I_2 定量地氧化成二酮基：

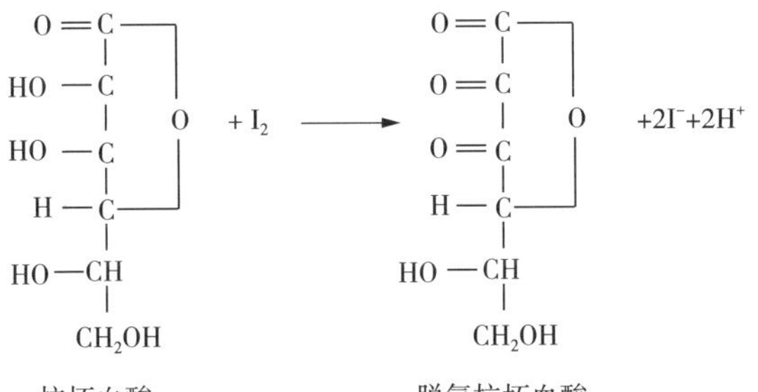

使用淀粉作为指示剂，用直接碘量法可测定药片、注射液、蔬菜、水果中维生素 C 的含量。

I_2 标准溶液采用间接配制法获得，用 $Na_2S_2O_3$ 标准溶液标定，反应如下：

$$2S_2O_3^{2-} + I_2 \longrightarrow S_4O_6^{2-} + 2I^-$$

【仪器和试剂】

仪器：分析天平（0.1mg）、酸式滴定管（50mL）、碱式滴定管（50mL）、碘量瓶（250mL）、移液管（25mL）等。

试剂：$K_2Cr_2O_7$（基准试剂）、$Na_2S_2O_3$（$0.1mol \cdot L^{-1}$）、I_2（$0.05mol \cdot L^{-1}$）、淀粉指示剂（0.5%）。

【实验内容】

1. $Na_2S_2O_3$ 标准溶液的配制

移取 10.00mL0.1mol·L^{-1} $Na_2S_2O_3$ 标准溶液至 250mL 容量瓶中，稀释，定容，摇匀。

2. I_2 标准溶液的配制与标定

(1) I_2 标准溶液的配制

移取 10.00mL 0.05mol·L^{-1} I_2 溶液至 250mL 容量瓶中，稀释、定容、摇匀。

(2) I_2 标准溶液的标定(用 $Na_2S_2O_3$ 标准溶液标定 I_2 溶液)

吸取 25.00mL $Na_2S_2O_3$ 标准溶液置于 250mL 锥形瓶中，加 50mL 水和 2mL 淀粉溶液，用 I_2 溶液滴定至稳定的蓝色，半分钟内不褪色即为终点。平行滴定 3 次，计算 I_2 溶液浓度。

碘标准溶液浓度计算：$c(I_2)=\frac{(cV)_{Na_2S_2O_3}}{2V_{I_2}}$，取 3 次测定的平均值。

(3) 维生素 C 片含量的测定

取 0.05mol·L^{-1}维生素 C 溶液 10.00mL 至 250mL 容量瓶中，稀释，定容至刻度，摇匀。再移取稀释后的维生素 C 溶液 25.00mL 至 250mL 锥形瓶中，加 5mL 0.5%淀粉指示剂，立即用 I_2 标准溶液滴定至稳定的蓝色，即为终点。重复测定 3 次。

维生素 C 的含量计算：$c_{V_c}=\frac{(cV)_{I_2}}{V_{V_c}}$，取 3 次测定的平均值。

思考题

1. 为什么维生素 C 含量可以用碘量法测定？

2. 维生素 C 本身就是酸，为什么测定时还要加入 HAc？

实验三十五　磷的比色测定

【实验目的】

1. 掌握抗坏血酸-氯化亚锡法测定磷含量的原理和方法；

2. 掌握分光光度计的构造及使用方法。

【实验原理】

溶液中磷的测定，一般都用磷钼蓝比色法。根据所用还原剂的不同，钼蓝比色法一般可分为氯化亚锡法和抗坏血酸法两种方法。

氯化亚锡法灵敏度最高，室温下可迅速显色，但颜色不稳定(仅保持5～20min)且易受Fe^{3+}的干扰。抗坏血酸法测定的主要优点是生成的颜色稳定，干扰离子的影响较小，适用范围较广，但室温下显色反应速度慢，必须用沸水浴加热，操作烦琐。若用抗坏血酸-氯化亚锡法，在加入氯化亚锡前先加入少量抗坏血酸，不但可以消除Fe^{3+}干扰，还能使显色反应在室温下迅速完成，简化操作程序。

磷酸盐在酸性介质中与钼酸铵作用生成黄色的钼磷酸，其反应式如下：

$$PO_4^{3-}+12MoO_4^{2-}+27H^+ = H_7[P(Mo_2O_7)_6]+10H_2O$$

这种黄色化合物遇到还原剂，如抗坏血酸、氯化亚锡等，可被还原成钼蓝，溶液呈深蓝色，蓝色的深浅与磷的含量成正比，磷含量在$0.05\sim2.0\mu g\cdot mL^{-1}$时，服从朗伯-比耳定律。

待显色完全后，可用标准曲线法在分光光度计上测定磷标准溶液和待测溶液的吸光度，制作磷的标准曲线。再根据待测溶液的吸光度，在标准曲线上得到待测溶液的磷含量。

【仪器和试剂】

仪器：分光光度计、比色皿(1.0cm)、容量瓶(50mL)、吸量管(10mL)、吸量管(5mL)。

试剂：盐酸-钼酸铵溶液(4%)、抗坏血酸(2%)、氯化亚锡溶液(0.5%)、磷标准溶液($200\mu g\cdot mL^{-1}$)。

【实验内容】

1. 20μg·mL^{-1}磷标准曲线的配制

准确吸取200μg·mL^{-1}磷标准溶液10.00mL于100mL容量瓶中,用蒸馏水稀释至刻度,摇匀。

2. 磷标准曲线的制作

取6个50mL容量瓶,用吸量管分别吸取20μg·mL^{-1}磷标准溶液0.00,1.00,3.00,5.00,7.00和9.00mL于各容量瓶中。分别加入25mL蒸馏水,加入10滴2%抗坏血酸,再加入5mL 4%盐酸-钼酸铵,然后放置5min,再加入5滴氯化亚锡后用蒸馏水定容。选用波长为650nm的入射光测出各磷标准溶液的吸光度值,以磷的浓度为横坐标,相应的吸光度为纵坐标,绘制标准曲线。

3. 试液中磷含量的测定

准确吸取5.00mL待测试液于50mL容量瓶中,按照上述绘制标准曲线相同的操作方法对试液进行显色,定容,并测定其吸光度。根据吸光度从标准曲线上查出试液中的磷含量,并计算出原溶液中的磷的含量,以μg·mL^{-1}表示。

【数据记录与处理】

(1)绘制标准曲线。

(2)计算出原溶液中的磷的含量(μg·mL^{-1})。

溶液	标准溶液(mL)						待测溶液
	0.00	1.00	3.00	5.00	7.00	9.00	
浓度(μg·mL^{-1})							
吸光度 A							

思考题

1. 显色时,加入还原剂,显色剂的顺序是否可颠倒?为什么?显色剂的用量过多或过少对实验结果有无影响?

2. 何谓参比溶液?它有什么作用?本实验能否用蒸馏水做参比溶液?

实验三十六　水质矿化度的测定（重量法）

【实验目的】

1. 掌握重量法测定水质矿化度的基本原理和方法。

2. 了解水质矿化度的测定意义和表示方法。

【实验原理】

矿化度(M)是水化学成分测定的重要指标，用于评价水中总含盐量，以“克/升”表示，该项指标一般只用于天然水，是农田灌溉用水适用性评价的主要指标之一。按矿化度(M)的大小一般分为：淡水，M＜1g/L；微咸水，M＝1～3g/L；咸水，M＝3～10g/L；盐水，M＝10～50g/L；卤水，M＞50g/L。

矿化度的测定方法有重量法、电导法、阳离子加和法、离子交换法、比重计法等，本实验采用重量法。

水样经过滤去除漂浮物及沉降性固体物，放在称至恒重的蒸发皿内蒸干，然后在105～110℃下烘干至恒重，将称得重量减去蒸发皿重量即为矿化度。

高矿化度水含有大量钙、镁的氯化物时易于吸水，硫酸盐结晶水不易除去，均可使结果偏高。采用加入碳酸钠提高烘干温度和快速称重的方法处理，以消除其影响。

当水样中含有有机物时，蒸干的残渣有色，可用过氧化氢去除。

【仪器和试剂】

仪器：直径90mm蒸发皿、烘箱、水浴或电热套、电子天平、漏斗及中速定量滤纸。

试剂：(1＋1)过氧化氢溶液、2% Na_2CO_3 溶液。

【实验内容】

1. 蒸发皿预处理

将清洗干净的蒸发皿置于110℃烘箱中烘2h，放入干燥器中冷却至室温后称重，重复烘干称重，直至恒重(两次称重相差不超过0.0005g)。

2. 水样过滤

取70～80mL水样，用中速定量滤纸过滤至干燥洁净的烧杯中。

3. 水样处理

用25mL移液管准确移取过滤后水样50mL，置于已称重的蒸发皿中，加入5mL 2% Na_2CO_3 溶液，于电热套上蒸干。整个蒸干过程要严格控制温度，不可明显沸腾，以免发生迸溅导致结果偏低。

4. 残渣处理

如蒸干残渣有色，则使蒸发皿稍冷后，滴加(1+1)的过氧化氢溶液数滴，慢慢旋转蒸发皿至气泡消失，再置于水浴上蒸干，反复处理数次，直至残渣变白或颜色稳定不变为止。

5. 最终干燥与称重

将蒸发皿放入烘箱内于180℃烘干2h，置于干燥器中冷却至室温，称重，重复烘干称重，直至恒重(两次称重相差不超过0.0005g)。

6. 数据处理

矿化度计算公式为：

$$M=(W-W_0-W_N)/V$$

式中：W——蒸发皿及残渣的总质量，g；

W_0——蒸发皿质量，g；

W_N——Na_2CO_3 质量，g；

V——水样体积，L。

根据上述公式计算水样的矿化度。

【结果要求】

1. 称重恒定：蒸发皿的初始称重和最终称重之间的差值应在0.0005g以内，确保实验结果的准确性。

2. 颜色变化：处理后的残渣应为白色或颜色稳定，不应有明显的杂色，确保测定的准确性。

3. 矿化度数据：计算出的矿化度结果应符合预期范围，并能与已知标准进行比较。

注释：

[1] 烘干温度控制：在烘箱中烘干时，应严格控制温度，避免温度过高导致样品损失或化学

变化。

[2] 蒸发过程监控：蒸干过程中要避免明显沸腾，以防止液体飞溅和样品损失。

[3] 过氧化氢处理：滴加过氧化氢时，应缓慢旋转蒸发皿，确保均匀反应，并注意安全，避免气泡过多导致液体溅出。

[4] 清洁器具：所有实验器具在使用前应清洗干净，避免交叉污染影响实验结果。

[5] 记录数据：在每个步骤中，仔细记录每次称重和实验过程中的观察，以便后续数据处理和分析。

思考题

1. 为何在蒸发皿预处理时需要将其烘干至恒重？

2. 处理残渣时为何需要使用(1+1)的过氧化氢溶液？

3. 在蒸干过程中，为什么要控制温度而避免明显沸腾？

实验三十七　乙酸异戊酯的制备

【实验目的】

1. 熟悉酯化反应原理,掌握乙酸异戊酯的制备方法。
2. 掌握带分水器的回流装置的安装及操作。
3. 熟悉液体有机物的干燥方法,熟练掌握分液漏斗的使用方法。
4. 进一步巩固液态有机物的蒸馏提纯的实验操作。

【实验原理】

乙酸异戊酯别名乙酸-2-甲基丁酯,是一种香原料,具有强烈的香蕉、生梨、苹果般的水果香气,带有梨的甜酸味。几乎不溶于水,易溶于乙醇、戊醇、醚等无色中性液体。沸点142-143℃,天然存在于香蕉、可可豆、苹果、咖啡豆、葡萄、菠萝、草莓、啤酒、白酒和红酒中,主要应用于日用品;香料及香精以及食品添加剂。

乙酸异戊酯是无色透明液体,实验室通常在浓硫酸催化下,冰醋酸与异戊醇发生酯化反应得到。由于酯化反应是可逆反应,本实验采取加入过量冰醋酸,并在反应过程中不断蒸出水,使反应向右进行,从而提高产率。具体反应方程式如下:

【仪器和试剂】

仪器:磁力搅拌器、25mL圆底烧瓶、冷凝管、分液漏斗和锥形瓶等。

试剂:异戊醇、冰醋酸、浓硫酸、5%碳酸氢钠水溶液、饱和氯化钠溶液和无水硫酸镁。

【实验内容】

在25mL干燥的圆底烧瓶中加入5.4mL异戊醇和6.4mL冰醋酸,摇动下缓慢加入1.3mL浓硫酸,混匀后[1],加入几片碎瓷片,在石棉网上用小火加热回流1小时。

将反应物冷却至室温，小心转入分液漏斗中，用 15mL 冷水洗涤烧瓶，并将洗液合并至分液漏斗中。摇振后静置，分出下层水层，有机层用 8mL 5%碳酸氢钠溶液洗涤[2]，静置后分去下层水层，有机层再用 8mL 5%碳酸氢钠溶液洗涤一次，洗涤至水溶液中的 pH 值呈弱碱性为止。然后用 5mL 饱和氯化钠溶液洗涤一次[3]。分出水层，酯层转入锥形瓶中，用 0.5～1g 无水硫酸镁干燥。粗产品过滤入圆底烧瓶中，蒸馏收集 138～143℃馏分。

注释：

[1] 浓硫酸与有机物需混合均匀，否则加热时易发生炭化现象，使溶液发黑。

[2] 用碳酸氢钠溶液洗涤的目的是除去残留的醋酸，因有大量的二氧化碳气体产生，故在开始时不要塞住分液漏斗，等振摇时无明显气泡再塞住振摇，并注意放气。

[3] 饱和氯化钠溶液洗涤的目的是降低酯在水中的溶解度，防止乳化。

思考题

1. 制备乙酸乙酯时，使用过量的醇，为什么本实验要采用过量的冰醋酸？如使用过量的异戊醇有什么不好？

2. 画出分离提纯乙酸异戊酯的流程图，各步洗涤的目的何在？

实验三十八 茶叶中咖啡因的提取(索氏提取法)

【实验目的】

1. 掌握用索氏提取器从天然产物中提取有机物的方法。
2. 掌握升华法提纯物质的技术。
3. 巩固蒸馏物质的基本操作。

【实验原理】

见实验二十六茶叶中咖啡因的提取(水煮法)部分。

【仪器和试剂】

仪器:索氏提取器、蒸馏装置、蒸发皿、玻璃漏斗等。

试剂:95%乙醇、生石灰、茶叶末。

【实验内容】

按图 3-38-1 安装好提取装置[1]。称取 10g 茶叶末,放入索氏提取器的滤纸套筒中的[2],在圆底烧瓶中加入 75 mL 95%乙醇,用水浴加热,连续提取 1.5 小时[3]。待冷凝液刚刚虹吸下去时,立即停止加热,稍冷后,改为蒸馏装置,回收提取液中的大部分乙醇。趁热将圆底烧瓶中的残液倒入已加入 3~4g 生石灰的蒸发皿中[4],在蒸汽浴上蒸干,期间不断搅拌并将其碾压成粉末状,最后将蒸发皿放在石棉网上,用小火焙炒片刻,务使水分全部除去。冷却后,擦去沾在边上的粉末,以免在升华时污染产物。取一支口径合适的玻璃漏斗,在玻璃漏斗口部覆盖一张刺有许多小孔的滤纸,漏斗颈部用少许棉花轻轻堵塞,将此漏斗盖在蒸发皿上,用沙浴小心加热升华,控制沙浴温度在 220℃左右。当滤纸上

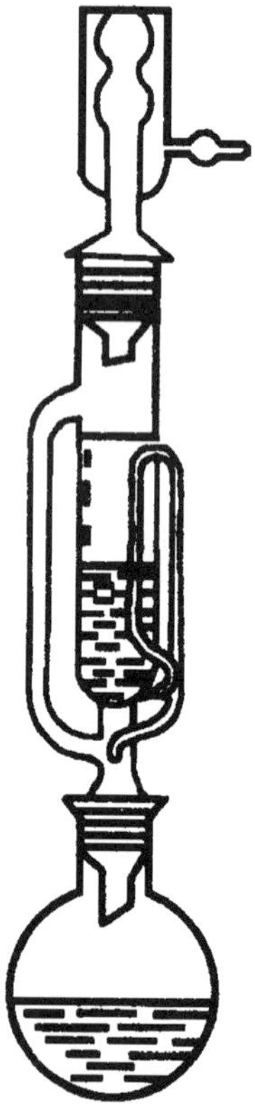

图 3-38-1 索氏提取器

出现许多白色毛状结晶时，停止加热，使其自然冷却至80℃左右。小心取下漏斗，揭开滤纸，收集滤纸上和器皿周围的咖啡因，观察咖啡因的颜色和形状。

注释：

[1] 索氏提取器的虹吸管易折断，安装仪器时须特别小心。

[2] 滤纸套大小既要紧贴器壁，又能方便取放，其高度不得超过虹吸管。滤纸包茶叶末时要仔细严密，防止漏出堵塞虹吸管。

[3] 提取液颜色很淡时即可停止提取。

[4] 生石灰起吸水和中和作用，以除去部分酸性杂质。

思考题

1. 索氏提取器的萃取原理是什么？
2. 实验中生石灰的作用是什么？
3. 本实验的升华操作需要注意什么？

附　　录

附录 1　常用化合物的摩尔质量表　　(g·mol^{-1})

分子式	摩尔质量	分子式	摩尔质量
AgBr	187.78	FeO	71.85
AgCl	143.32	Fe_2O_3	159.69
AgCN	133.84	$Fe(OH)_3$	106.87
Ag_2CrO_4	331.73	$FeSO_4 \cdot 7H_2O$	278.02
AgI	234.77	$FeSO_4 \cdot (NH_4)_2SO_4 \cdot 6H_2O$	392.14
$AgNO_3$	169.87	H_3AsO_4	141.94
Al_2O_3	101.96	H_3BO_3	61.83
$Al(OH)_3$	78.00	HBr	80.91
$Al_2(SO_4)_3 \cdot 18H_2O$	666.43	$HBrO_3$	128.91
As_2O_3	197.84	$H_2C_4H_4O_6$(酒石酸)	150.09
$BaCO_3$	197.34	$H_4C_{10}H_{12}O_8N_2$(乙二胺四乙酸)	292.25
$BaCl_2$	208.24	HCN	27.03
$BaCl_2 \cdot 2H_2O$	244.26	H_2CO_3	62.03
BaO	153.33	$H_2C_2O_4$	90.04
$Ba(OH)_2$	315.47	$H_2C_2O_4 \cdot 2H_2O$	126.07
$BaSO_4$	233.39	HCl	36.46
$CaCO_3$	100.09	$HClO_4$	100.46
CaC_2O_4	128.10	HF	20.01
$CaC_2O_4 \cdot H_2O$	146.11	HI	127.91
$CaCl_2$	110.98	HNO_3	63.01

（续表）

分子式	摩尔质量	分子式	摩尔质量
CaF_2	78.08	H_2O	18.02
CaO	56.08	H_2O_2	34.01
$Ca(OH)_2$	74.09	H_3PO_4	98.00
$CaSO_4$	136.14	H_2S	34.08
$Ca_3(PO_4)_2$	310.18	H_2SO_4	98.08
CH_3COOH	60.05	I_2	253.81
CH_3OH	32.04	$KAl(SO_4)_2 \cdot 12H_2O$	474.39
C_6H_5COOH	122.12	KBr	119.00
C_6H_5COONa	144.10	$KBrO_3$	167.00
CO_2	44.01	K_2CO_3	138.21
CuO	79.54	$K_2C_2O_4 \cdot H_2O$	184.23
$Cu(OH)_2$	97.56	KCl	74.55
Cu_2O	143.09	$KClO_4$	138.55
$CuSO_4 \cdot 5H_2O$	249.69	K_2CrO_4	194.19
$FeCl_2$	126.75	$K_2Cr_2O_7$	294.19
$FeCl_3$	162.21	$KHC_4H_4O_6$（酒石酸氢钾）	188.18
$KHC_8H_4O_4$（邻苯二甲酸氢钾）	204.22	$NaNO_3$	84.99
KH_2PO_4	136.09	Na_2O	61.98
K_2HPO_4	174.18	$NaOH$	40.00
$KHSO_4$	136.17	Na_2S	78.05
KI	166.00	Na_2SO_3	126.04
KIO_3	214.00	Na_2SO_4	142.04
$KMnO_4$	158.03	$Na_2SO_4 \cdot 10H_2O$	322.20

(续表)

分子式	摩尔质量	分子式	摩尔质量
KNO_3	101.10	$Na_2S_2O_3$	158.11
KOH	56.11	$Na_2S_2O_3 \cdot 5H_2O$	248.19
K_3PO_4	212.27	NH_3	17.03
$KSCN$	97.18	NH_4Br	97.95
K_2SO_4	174.26	$(NH_4)_2CO_3$	96.09
$K(SbO)C_4H_4O_6 \cdot 2H_2O$ (酒石酸锑钾)	333.93	NH_4Cl	53.49
$MgCO_3$	84.31	$(NH_4)_2C_2O_4 \cdot 12H_2O$	142.11
$MgCl_2$	95.21	NH_4F	37.04
$MgNH_4PO_4 \cdot 6H_2O$	245.41	NH_4OH	35.05
MgO	40.304	$(NH_4)_2Fe(SO_4)_3 \cdot 12H_2O$	482.20
$Mg(OH)_2$	58.32	$(NH_4)_3PO_4 \cdot 12MoO_3$	1876.35
$Mg_2P_2O_7$	222.55	NH_4SCN	76.12
$MgSO_4$	120.37	$(NH_4)_2SO_4$	132.14
$MgSO_4 \cdot 7H_2O$	246.48	NO_2	45.01
MnO	70.94	NO_3	62.00
MnO_2	86.94	P_2O_5	141.95
$Na_2B_4O_7 \cdot 10H_2O$	381.37	$PbCrO_4$	323.18
$NaBr$	102.89	PbO_2	239.19
Na_2CO_3	105.99	$PbSO_4$	303.26

（续表）

分子式	摩尔质量	分子式	摩尔质量
$Na_2CO_3 \cdot 10H_2O$	286.14	SO_2	64.07
$Na_2C_2O_4$	134.00	SO_3	80.06
NaCl	58.44	SiO_2	60.09
$Na_2H_2C_{10}H_{12}O_8N_2 \cdot 2H_2O$（EDTA 二钠）	372.24	$SnCl_2$	189.60
$NaHCO_3$	84.01	ZnO	81.38
$NaHC_2O_4 \cdot H_2O$	130.03	$Zn(OH)_2$	99.40
$NaH_2PO_4 \cdot 2H_2O$	156.01	$ZnSO_4$	161.46
$Na_2HPO_4 \cdot 12H_2O$	358.14	$ZnSO_4 \cdot 7H_2O$	287.56

附录 2 常用酸碱的相对密度、质量分数和浓度

试剂名称	相对密度	质量分数(%)	浓度(mol/L)
盐酸	1.18～1.19	36～38	11.6～12.4
硝酸	1.39～1.40	65.0～68.0	14.4～15.2
硫酸	1.83～1.84	95～98	17.8～18.4
磷酸	1.69	85	14.6
高氯酸	1.68	70.0～72.0	11.7～12.0
冰醋酸	1.05	99.8(优级纯) 99.0(分析纯、化学纯)	17.4
氢氟酸	1.13	40	22.5
氢溴酸	1.49	47.0	8.6
氨水	0.88～0.90	25.0～28.0	13.3～14.8

附录3 常用指示剂

附录3-1 酸碱指示剂(18℃~25℃)

指示剂名称	变色范围 pH	颜色变化	溶液配制方法
甲基紫	0.13~0.5	黄→绿	0.1%或0.05%的水溶液
	(第一变色范围)		
苦味酸	0.0~1.3	无色→黄	0.1%水溶液
甲基绿	0.1~2.0	黄→绿→浅蓝	0.05%的水溶液
孔雀绿	0.13~2.0	黄→浅蓝→绿	0.1%的水溶液
	(第一变色范围)		
甲酚红	0.2~1.8	红→黄	0.04g指示剂溶于100mL 50%乙醇中
	(第一变色范围)		
甲基紫	1.0~1.5	绿→蓝	0.1%的水溶液
	(第二变色范围)		
百里酚蓝	1.2~2.8	红→黄	0.1g指示剂溶于100mL 20%乙醇中
(麝香草酚蓝)	(第一变色范围)		
甲基紫	2.0~~3.0	蓝→紫	0.1%的水溶液
	(第三变色范围)		
茜素黄R	1.9~3.3	红→黄	0.1%的水溶液
	(第一变色范围)		
二甲基黄	2.9~4.0	红→黄	0.1g或0.01g指示剂溶于100mL 90%乙醇中
甲基橙	3.1~4.4	红→橙黄	0.1%的水溶液
溴酚蓝	3.0~4.6	黄→蓝	0.1g指示剂溶于100mL 20%乙醇中
刚果红	3.0~5.2	蓝紫→红	0.1%的水溶液

（续表）

指示剂名称	变色范围 pH	颜色变化	溶液配制方法
茜素红 S	3.7～5.2	黄→紫	0.1%的水溶液
	（第一变色范围）		
溴甲酚绿	3.8～5.4	黄→蓝	0.1g 指示剂溶于 100mL 20%乙醇中
甲基红	4.4～6.2	红→黄	0.1g 或 0.2g 指示剂溶于 100mL 60%乙醇中
溴酚红	5.0～6.8	黄→红	0.1g 或 0.04g 指示剂溶于 100mL 20%乙醇中
溴甲酚紫	5.2～6.8	黄→紫红	0.1g 指示剂溶于 100mL 20%乙醇中
溴百里酚蓝	6.0～7.6	黄→蓝	0.05g 指示剂溶于 100mL 20%乙醇中
中性红	6.8～8.0	红→亮黄	0.1g 指示剂溶于 100mL 60%乙醇中
酚红	6.0～8.0	黄→红	0.1g 指示剂溶于 100mL 20%乙醇中
甲酚红	7.2～8.8	亮黄→紫红	0.1g 指示剂溶于 100mL 50%乙醇中
百里酚蓝	8.0～9.0	黄→蓝	
（麝香草酚蓝）	（第二变色范围）		参看第一变色范围
酚酞	8.2～10.0	无色→紫红	0.1g 指示剂溶于 100mL 60%乙醇中
百里酚酞	9.4～10.6	无色→蓝	0.1g 指示剂溶于 100mL 90%乙醇中
茜素红 S	10.0～12.0	紫→浅黄	参看第一变色范围
	（第二变色范围）		
茜素黄 R	10.1～12.1	黄→浅紫	0.1%的水溶液

(续表)

指示剂名称	变色范围 pH	颜色变化	溶液配制方法
	(第二变色范围) 11.5～13.2		
孔雀绿	(第二变色范围)	蓝绿→无色	参看第一变色范围
	12.0～13.0		
达旦黄		黄→红	溶于水、乙醇

附录 3-2 混合酸碱指示剂

指示剂溶液的组成	变色点 pH	颜色		备 注
		酸色	碱色	
一份 0.1%甲基黄乙醇溶液 一份 0.1%次甲基蓝乙醇溶液	3.25	蓝紫	绿	pH3.2 蓝绿色 pH3.4 绿色
一份 0.1%甲基橙溶液 一份 0.25%靛蓝(二磺酸)水溶液	4.1	紫	黄绿	
一份 0.1%溴甲酚绿钠盐水溶液 一份 0.2%甲基橙水溶液	4.3	黄	蓝绿	pH3.5 黄色 pH4.0 黄绿色 pH4.3 绿色
三份 0.1%溴甲酚绿乙醇溶液 一份 0.2%甲基红乙醇溶液	5.1	酒红	绿	
一份 0.2%甲基红乙醇溶液 一份 0.1%次甲基蓝乙醇溶液	5.4	红紫	绿	pH5.2 红紫 pH5.4 暗蓝 pH5.6 绿
一份 0.1%溴甲酚绿钠盐水溶液 一份 0.1%绿酚红钠盐溶液	6.1	黄绿	蓝绿	pH5.4 蓝绿 pH5.8 蓝 pH6.2 蓝紫
一份 0.1%溴甲酚紫钠盐水溶液 一份 0.1%溴百里酚蓝钠盐水溶液	6.7	黄	蓝绿	pH6.2 黄紫 pH6.6 紫 pH6.8 蓝紫

（续表）

指示剂溶液的组成	变色点 pH	颜色		备注
		酸色	碱色	
一份 0.1%中性红乙醇溶液 一份 0.1%次甲基蓝乙醇溶液	7.0	蓝紫	绿	pH7.0 蓝紫
一份 0.1%溴百里酚蓝钠盐水溶液 一份 0.1%酚红钠盐水溶液	7.5	黄	绿	pH7.2 暗绿 pH7.4 淡紫 pH7.6 深紫
一份 0.1%甲酚红钠盐水溶液 三份 0.1%百里酚蓝钠盐水溶液	8.3	黄	绿	pH8.2 玫瑰色 pH8.4 紫色

附录 3－3　沉淀滴定吸附指示剂

指示剂	被测离子	滴定剂	滴定条件	溶液配制方法
荧光黄	Cl^-	Ag^+	pH7～10(一般 7～8)	0.2%乙醇溶液
二氯荧光黄	Cl^-	Ag^+	pH4～10(一般 5～8)	0.1%水溶液
曙红	Br^-,I^-,SCN^-	Ag^+	pH2～10(一般 3～8)	0.5%水溶液
溴甲酚绿	SCN^-	Ag^+	pH4～5	0.1%水溶液
甲基紫	Ag^+	Cl^-	酸性溶液	0.1%水溶液
罗丹明 6G	Ag^+	Br^-	酸性溶液	0.1%水溶液
钍试剂	SO_4^{2-}	Ba^{2+}	pH1.5～3.5	0.5%水溶液
溴酚蓝	Hg^{2+}	Cl^-,Br	酸性溶液	0.1%水溶液

附录 3－4　氧化还原指示剂

指示剂名称	$E^\ominus$/V [H^+]=1mol/L	颜色变化		溶液配制方法
		氧化态	还原态	
中性红	0.24	红	无色	0.05%的 60%乙醇溶液
次甲基蓝	0.36	蓝	无色	0.05%水溶液
变胺蓝	0.59(pH=2)	无色	蓝色	0.05%水溶液
二苯胺	0.76	紫	无色	1%的浓硫酸溶液

(续表)

指示剂名称	$E^{\ominus}$/V $[H^+]$=1mol/L	颜色变化		溶液配制方法
		氧化态	还原态	
二苯胺磺酸钠	0.85	紫红	无色	0.5%水溶液
N-邻苯氨基苯甲酸	1.03	紫红	无色	0.1g 指示剂加 20mL 5%的 Na_2CO_3 溶液,用水稀释至 100mL
邻二氮菲-Fe(Ⅱ)	1.06	浅蓝	红	1.485g 邻二氮菲加 0.965g $FeSO_4$,溶于 100mL 水中(0.025mol/L 水溶液)
5-硝基邻二氮菲-Fe(Ⅱ)	1.25	浅蓝	紫红	1.608g 5-硝基邻二氮菲 0.695g $FeSO_4$ 溶于 100mL 水中(0.025mol/L 水溶液)

附录 3-5　金属指示剂

指示剂名称	离解平衡和颜色变化	溶液配制方法
二甲酚橙(XO)	$pK_a=6.3$ $H_3In^{4-} \rightleftharpoons H_2In^{5-}$ 黄　　红	0.2%水溶液
K-B指示剂	$pK_{a1}=8$　$pK_{a2}=13$ $H_2In \rightleftharpoons HIn^- \rightleftharpoons In^{2-}$ 红　　蓝　　紫红 (酸性铬蓝 K)	0.2g 酸性铬蓝 K 与 0.4g 萘酚绿 B 溶于 100mL 水中
钙指示剂	$pK_{a2}=7.4$　$pK_{a3}=13.5$ $H_2In \rightleftharpoons HIn^- \rightleftharpoons In^{2-}$ 酒红　　蓝　　酒红	0.5%的乙醇溶液
吡啶偶氮酚(PAN)	$pK_{a1}=1.9$　$pK_{a2}=12.2$ $H_2In^- \rightleftharpoons HIn^{2-} \rightleftharpoons In^{3-}$ 黄绿　　黄　　淡红	0.1%的乙醇溶液

（续表）

指示剂名称	离解平衡和颜色变化	溶液配制方法
Cu-PAN (CuY-PAN)溶液	$CuY+PAN+M^{n+}=MY+Cu-PAN$ 浅绿　　无色　　红色	将0.05mol/L Cu^{2+}液10mL，加pH5～6 HAc缓冲液5mL，1滴PAN指示剂，加热至60℃左右，用EDTA滴定至绿色，得到约0.025mol/L CuY溶液。使用时取2～3mL于试液中，再加数滴PAN溶液
磺基水杨酸	$pK_{a1}=2.7$　$pK_{a2}=13.1$ $H_2In \rightleftharpoons HIn^- \rightleftharpoons In^{2-}$ 无色	1%水溶液
钙镁试剂 (calmagite)	$pK_{a2}=8.1$　$pK_{a3}=12.4$ $H_2In \rightleftharpoons HIn^- \rightleftharpoons In^{2-}$ 红　　蓝　　红橙	0.5%水溶液

附录4　常用缓冲溶液

缓冲溶液组成	pK_a	缓冲液pH	缓冲溶液配制方法
氨基乙酸-HCl	2.35 (pK_{a1})	2.3	取氨基乙酸150g溶于500mL水中加浓HCl 80mL，水稀释至1L
H_3PO_4-枸橼酸盐		2.5	取 $Na_2HPO_4 \cdot 12H_2O$ 113g溶于200mL水后，加枸橼酸387g，溶解过滤后，稀释至1L
一氯乙酸-NaOH	2.86	2.8	取200g一氯乙酸溶于200mL水中，加NaOH 40g溶解后，稀释至1L
邻苯二甲酸氢钾-HCl	2.95 (pK_{a1})	2.9	取500mg邻苯二甲酸溶于500mL水中，加浓HCl 80mL，稀释至1L
甲酸-NaOH	3.76	3.7	取95g甲酸和NaOH 40g于500mL水中，溶解，稀释至1L

(续表)

缓冲溶液组成	pK_a	缓冲液pH	缓冲溶液配制方法
$NH_4Ac-HAc$		4.5	取 NH_4Ac 77g 溶于 200mL 水中,加冰醋酸59mL,稀释至1L
$NaAc-HAc$	4.74	4.7	取无水 NaAc 83g 溶于水中,加冰醋酸 60mL,稀释至1L
$NaAc-HAc$	4.74	5.0	取无水 NaAc 160g 溶于水中,加冰醋酸60mL,稀释至1L
$NH_4Ac-HAc$		5.0	取无水 NH_4Ac 250g 溶于水中,加冰醋酸25mL,稀释至1L
六次甲基四胺-HCl	5.15	5.4	取六次甲基四胺 40g 溶于 200mL 水中,加浓HCl 10mL,稀释至1L
$NH_4Ac-HAc$		6.0	取无水 NH_4Ac 600g 溶于水中,加冰醋酸20mL,稀释至1L
$NaAc-H_3PO_4$ 盐		8.0	取无水 NaAc 50g 和 $H_3PO_4\cdot 12H_2O$ 50g 溶于水中,稀释至1L
Tris-HCl (三羟甲基氨甲烷) $CNH_2\equiv(HOCH_2)_3$	8.21	8.2	取25gTris试剂溶于水中,加浓HCl 8mL,稀释至1L
NH_3-NH_4Cl	9.26	9.2	取 NH_4Cl 54g 溶于水中,加浓氨水 63mL,稀释至1L
NH_3-NH_4Cl	9.26	9.5	取 NH_4Cl 54g 溶于水中,加浓氨水 126mL,稀释至1L
NH_3-NH_4Cl	9.26	10.0	取 NH_4Cl 溶于水中,加浓氨水 350mL,稀释至1L

附录 5　常用标准缓冲溶液的 pH

温度(℃)	0.05mol/L 草酸三氢钾	25℃饱和酒石酸氢钾	0.05mol/L 邻苯二甲酸氢钾	0.025mol/L $KH_2PO_4+Na_2HPO_4$	0.01mol/L 硼砂	25℃饱和氢氧化钙
0	1.666	—	4.003	6.984	9.464	13.423
5	1.668	—	3.999	6.951	9.395	13.207
10	1.670	—	3.998	6.923	9.332	13.003
15	1.672	—	3.999	6.900	9.276	12.810
20	1.679		4.002	6.881	9.225	12.627
25	1.679	3.557	4.008	6.865	9.180	12.454
30	1.683	3.552	4.015	6.853	9.139	12.289
35	1.688	3.549	4.024	6.844	9.102	12.133
38	1.691	3.548	4.030	6.840	9.081	12.043
40	1.694	3.547	4.035	6.838	9.068	11.984
45	1.700	3.547	4.047	6.834	9.038	11.841
50	1.707	3.549	4.060	6.833	9.011	11.705
55	1.715	3.554	4.075	6.834	8.985	11.574
60	1.723	3.560	4.091	6.836	8.962	11.449
70	1.743	3.580	4.126	6.845	8.921	—
80	1.766	3.609	4.164	6.859	8.885	—
90	1.792	3.650	4.205	6.877	8.850	—
95	1.806	3.674	4.227	6.886	8.833	—

附录 6　常用基准试剂及其干燥条件

基准物质		干燥后组成	干燥条件(℃)	标定对象
名　称	分子式			
碳酸氢钠	$NaHCO_3$	$NaHCO_3$	270～300	酸
碳酸钠	$Na_2CO_3 \cdot 10H_2O$	$Na_2CO_3 \cdot 10H_2O$	270～300	酸
硼砂	$Na_2B_4O_7 \cdot 10H_2O$	$Na_2B_4O_7 \cdot 10H_2O$	放在含 NaCl 和蔗糖饱和液的燥器中	酸
碳酸氢钾	$KHCO_3$	$KHCO_3$	270～300	酸

(续表)

基准物质		干燥后组成	干燥条件(℃)	标定对象
名　称	分子式			
草酸	$H_2C_2O_4 \cdot 2H_2O$	$H_2C_2O_4 \cdot 2H_2O$	室温空气干燥	碱或 $KMnO_4$
邻苯二甲酸氢钾	$KHC_8H_4O_4$	$KHC_8H_4O_4$	110～120	碱
重铬酸钾	$K_2Cr_2O_7$	$K_2Cr_2O_7$	140～150	还原剂
溴酸钾	$KBrO_3$	$KBrO_3$	130	还原剂
碘酸钾	KIO_3	KIO_3	130	还原剂
铜	Cu	Cu	室温干燥器中保存	还原剂
三氧化二砷	As_2O_3	As_2O_3	室温干燥器中保存	氧化剂
草酸钠	$Na_2C_2O_4$	$Na_2C_2O_4$	130	氧化剂
碳酸钙	$CaCO_3$	$CaCO_3$	110	EDTA
锌	Zn	Zn	室温干燥器中保存	EDTA
氧化锌	ZnO	ZnO	900～1000	EDTA
氯化钠	NaCl	NaCl	500～600	$AgNO_3$
氯化钾	KCl	KCl	500～600	$AgNO_3$
硝酸银	$AgNO_3$	$AgNO_3$	280～290	氯化物
氨基磺酸	$HOSO_2NH_2$	$HOSCHNH_2$	在真空 H_2SO_4 干燥器保存 48 小时	碱
氟化钠	NaF	NaF	铂坩埚中 500℃～550℃下保存 40～50s 后，H_2SO_4 干燥器中冷却	—

附录7　常用洗涤剂

名　称	配制方法	备　注
合成洗涤剂	将合成洗涤剂粉用热水煮烂配成浓溶液	用于一般的洗涤
皂角水	将皂荚捣碎，用水熬成溶液	用于一般的洗涤
铬酸洗液	取 $K_2Cr_2O_7$ 20g 于 500mL 烧杯中，加水 40mL，加热溶解，冷却后，缓缓加入 320mL 浓 H_2SO_4，边加边搅拌，贮于磨口细口瓶中	用于洗涤油污及有机物，使用时防止被水稀释。用后倒回原瓶，可反复使用，直到溶液变为绿色
$KMnO_4$ 碱性洗液	取 $KMnO_4$ 4g 溶于少量水中，缓缓加入 100mL 10％NaOH 溶液	用于洗涤油污及有机物。洗后玻璃壁上附着的 MnO_2 沉淀，可用亚铁盐或 Na_2SO_3 溶液洗去
碱性酒精溶液	30％～40％NaOH 溶液	用于洗涤油污
酒精-浓硝酸洗液	—	用于洗涤有机物或油污的结构较复杂的仪器。洗涤时先加少量酒精于去有污物的仪器中，再加入少量浓 HNO_3，即产生大量棕色 NO_2，将有机物氧化而洗

参考文献

[1] 崔学桂,张晓丽,胡清萍. 基础化学实验(Ⅰ):无机及分析化学实验[M]. 北京:化学工业出版社,2007.

[2] 王志坤. 基础化学实验[M]. 北京:中国水利水电出版社,2010.

[3] 孟长功,辛剑. 基础化学实验[M]. 北京:高等教育出版社,2009.

[4] 陈琳. 基础有机化学实验[M]. 北京:中国医药科技出版社,2009.

[5] 王亦军. 大学普通化学实验[M]. 北京:化学工业出版社,2009.

[6] 赵慧春,申秀民,张永安. 大学基础化学实验[M]. 北京:北京师范大学出版社,2008.

[7] 李妙葵,贾瑜,高翔,等. 大学有机化学实验[M]. 上海:复旦大学出版社,2006.

[8] 章伟光. 综合化学实验[M]. 北京:化学工业出版社,2009.

[9] 周昕,罗虹,刘文娟. 大学实验化学[M]. 北京:科学出版社,2010.

[10] 金艳,滕占才. 大学基础化学实验[M]. 北京:中国农业大学出版社,2006.

[11] 刁国旺,颜朝国. 大学化学实验:综合与探索性实验[M]. 南京:南京大学出版社,2006.

[12] 王清廉,李瀛,高坤,等. 有机化学实验:第4版[M],高等教育出版社,2017.